1分鐘驚艷簡報術

劉滄碩 著

好色之徒

　　您沒看錯，這就是我形容滄碩最貼切的四個字，一份投影片，只要經過他的巧手，頓時「好色」了起來。

　　第一次近距離接觸到滄碩，是在福哥的「專業簡報力」的課程裡，我想，他投影片製作的美感，是我一輩子也學不會的，我的基因裡始終沒有色彩美感，於是，對於這類有特異功能的人，總是投以羨慕之情。

　　隨後在「超級好講師」的舞台上，更是觀察到他獨特的幽默感，與令人發笑卻自己又不笑的鬼才特質，那是一種惺惺相惜的英雄眼光，和期待與他同台演出的殷切期盼。

　　隨後在「憲福講私塾四班」開課、以及「簡報 MBA」合體之前，因為我對他心中的難處多所擔憂，更不想讓他無緣無故受到雜音干擾，我們有了幾次電話上的對談，我發現他是一個有原則、有想法、有堅持、有態度的好老師。我與福哥討論過後，開展了我們一年多來合作，而我相信，這個合作，將延續許久。我喜歡這個人，就像我喜歡他的簡報一樣，清晰易懂，不假思索，外圓內方，一目了然，跟他合作完全不用擔心有的沒的，我喜歡他。

　　一年多來，他的「簡報 MBA」以及「驚艷簡報力」兩大課程，面對三個班級合計七十餘位簡報吃貨學員，端出滿滿的乾貨，就得到接近滿滿的佳績，這不是實力，什麼才叫實力？我對他的簡報教學非常有信心，其實不用我推薦，這本書也應該是學習簡報者的必備書籍，相信您會跟我一樣，一看就懂，送禮自用兩相宜。

　　滄碩擅長簡報設計、色彩美學，福哥擅長簡報架構、邏輯推理，我擅長簡報演繹、台上呈現，滄碩是編劇、福哥是導演、而我是演員，英雄惜英雄，相看兩不厭。

滄碩前次出書的時候，寄了一本新書給我，我本要在廣播節目裡專訪他，無奈時間湊不起來，我對他總有一份虧欠，這回，就讓我一次回報他，憲哥在此鄭重推薦本書，簡報者必備的一本好書。

　　簡報，是職場最不公平的競賽，上台要有好武器，就讓滄碩告訴您。

知名講師、作家、主持人

謝文憲

讓您的投影片，更能配得上你！

經常在簡報技巧課程結束後，遇到學員提問：「美感跟設計感是天生的嗎？如果沒有這些能力，也可以做出漂亮的投影片嗎？」雖然我認為，投影片只是簡報跟上台的技術眾多技巧其中之一，但是不可否認的，投影片一定會在簡報呈現的過程中，占了一個非常重要的角色。有許多的講者口若懸河，口才極佳，但卻搭配著很簡陋，或甚至到達醜陋等級的投影片（有點誇張？那您參加的簡報場次一定不夠多）。這時我都會覺得，如果這個投影片能進化一下？或甚至是把投影片拿掉？效果一定可變得更好。

但要讓投影片變的更美或更有設計感，也不是一件簡單的事。撇開每一個人先天的美感跟設計能力不說，單單就顏色的選擇，我相信就會考倒很多人。更不用提版面的設計、字型大小的考慮、畫面的擺放，甚至進一步與主題及內容的搭配……

想到這些頭都痛了！我相信許多人跟我一樣，光是想簡報內容都已經很吃力了，要進一步做簡報投影片設計，根本是不可能的任務！但是工作的簡報，也不大可能發包給別人製作或設計，而自己的設計能力又不夠，真的要從頭去學設計又緩不濟急。那到底應該怎麼辦啊？

Andy 這本書，就是對我們這種美感不足，又想快速上手做好投影片的專業人士，最好的解答！

最早認識 Andy 老師，是在網路上的簡報教學影片，那時覺得他的簡報投影片「真的好漂亮哦！」，顏色搭配的很好，字型大又好看，重要的是：每一張投影片，都精準的扣住他的簡報內容，不止傳達出重點，還畫龍點睛的強化了簡報！那時就覺得 Andy 老師超強的。後來我們透過專業簡報力及憲福講私塾的上課過程，我們在課堂內跟課堂外有更多的機會彼此交流。才發現 Andy 不止簡報厲害，教學更是一把罩。他有一種冷面笑匠的喜感，常常他還在一臉正經的傳達教學內容，台下已經哈哈大笑到

不能自己！（想到就又想笑了，哈哈哈！）。

　　當然最重要的是，他總是能把複雜變簡單，讓這些專業的投影片設計及規劃技巧，變成簡單易上手的步驟。像是簡報設計「一百塊」的三祕訣：也就是顏色「一」致性、運用「百」搭色、用色「塊」凸顯。運用像這種簡單易記又實用的技巧，讓大家很快的就能學會。好幾次我都看到他運用這些方法，把原本複雜又醜醜的投影片，瞬間變成超美又有設計感的簡報內容。真的是很厲害啊！

　　這本書中，已經把他在上課教學中展現的神奇本領，用一個又一個的彩色案例，變成書中內容的一部份。即使你沒有親自進到 Andy 老師的教室，也能學習到這些讓專業投影片更具有設計感的手法。每一個案例，都值得好好閱讀！

　　如果你跟我以及許多的專業人士一樣，對於簡報的專業內容熟悉，但對於投影片的設計製作及美感規畫，總是苦於無法上手。這本書絕對可以幫助你，做出漂亮美觀又充滿設計感的投影片。更重要的是，運用書中的易學易用的技巧，可以讓你的簡報投影片，更能搭配上您要談的簡報、演講、或教學的內容。讓您的投影片，更能配得上你！也讓你在上台的時候，能有更好的效果，讓聽眾更有收穫。我想，這才是這本書最大的價值吧！

　　身為國內各大上市公司推薦的專業簡報教練，我誠心向你推薦這本書！

《上台的技術》作者

《千萬講師的 50 堂說話課》共同作者

上市公司專業簡報教練

王永福

讓人驚艷的簡報設計教學！

自從九年前創辦台大「簡報製作與表達」課程，不管是教學生演說技巧、肢體表達、故事敘事、或動畫設定等，都難不倒我。我都能設計出有趣、有效的教案，幫助學生快速學會這種種技巧。但唯有一個重要技巧，到底要怎麼教，真真難倒我了！這超難教的技巧，就是簡報該如何設計才能有質感？才能讓人驚艷？

在江湖上常做簡報的朋友，都會知道一個有質感的簡報設計，是多麼的重要！一個有質感的簡報除了幫助吸引大家的注意力外，也會讓聽眾先入為主，因為簡報質感而連帶提升對簡報內容的認同度。然而，質感這件事情關乎到個人的美感經驗。到底要怎麼教，才能讓快速的讓學生學會提升簡報質感？這一直是讓我很頭痛的問題。

去年因為與憲哥、福哥合作，他們兩位邀請滄碩擔任學員的指導員。滄碩對於學員們簡報設計的評語，馬上吸引了我的關注。因此 2017 的台大簡報課，我特別邀請滄碩來跟台大簡報課學生談，會讓人驚艷的簡報設計。這也是我第一次在台下聽滄碩上課，一聽便驚為天人！短短兩個半小時，滄碩深入淺出，用一套非常容易記住的口訣，幫助學生學會簡報設計的重要技巧。我坐在台下，看著滄碩用他整理出來的簡單易懂概念，便讓呆板無趣的投影片瞬間變得超級有質感。我整個人都看呆了！哪有人這麼容易就能讓簡報質感提升這麼的多！

而且更難得的是，滄碩把它整理成讓任何人都可簡單學會的系統化技巧。只有真正內行的教學者，才知道這是多麼難的一件事！自從滄碩來幫我們台大簡報上課之後，隔週開始的簡報作業，幾乎每位學生都質感大躍升！沒有什麼比看到學生如此快速成長更讓老師開心的了！

此次欣聞，滄碩將他畢生簡報設計的教學功力，轉化撰寫成書。如果你是一位想

快速提升自己簡報質感的有心人，我會由衷地向你推薦這本書。它會教你如何運用簡單的原則，便能讓自己的簡報質感大幅提升、並讓自己的簡報表達效果快速躍進！

這是一本每個想設計好簡報的人，都應該要擁有的一本書！

台大電機系教授 & CEO, PaGamO/BoniO

葉丙成

做出令人印象深刻又能有效溝通的專業簡報

認識滄碩是在 2016 年初「超級好講師」的全國選拔賽。他從 100 多位優秀的參賽者之中，經過四回合激烈的競爭和篩選，一路過關斬將進入超級好講師前八強，當時他的參賽主題就是今天這本書的內容：《一分鐘驚艷簡報術》。

滄碩是少數在每一回合評審會議中，所有評審委員均無異議通過的一位。因為他的主題和簡報表現太令人「驚艷」了！

評審結束，在座的兩岸知名講師紛紛詢問，如何才能做出如此驚艷的簡報？還有就是可否將自己的教學簡報外包給滄碩來做？頓時，參賽的滄碩就像粉絲眼中的劉德華，成為眾多評審老師心中的偶像。

簡報的設計是一門專業的技巧，過去我的工作經常需要和國外一流企業洽談合作，每次看到國外公司設計優雅、編排得當的簡報，總會覺得自己的簡報相形見絀，在溝通自己觀點的時候絕覺得矮人一截。會後詢問對方要如何才能做出如此讓人驚艷的簡報時，才發現國外知名公司都有專業的簡報製作人員或部門，來確保簡報投影片能有效溝通並傳達企業的形象。但是很可惜台灣的企業很少注意到這一點，任憑公司員工使用簡陋的模板來拼湊自己的簡報。殊不知這些醜陋的簡報正一點一滴的在破壞公司的專業形象，甚至於無法達成溝通說服的目的。

很高興滄碩將當初驚艷評審的簡報方法不藏私的公諸於世，也許你的企業沒有預算或編制來雇用專業的簡報製作人員，但是透過滄碩的這本《一分鐘驚艷簡報術》，你也可以做出令人印象深刻又能有效溝通的專業簡報。

兩岸知名企業創新教練
奇果創新管理顧問有限公司 首席顧問

周碩倫

最棒的一本 PPT 工具書

認識作者多年，我們常聚在一起交流，滄碩有一個自己的人生小故事非常吸引我，多年後的今天我依舊印象深刻。

當年他只有一個人，卻敢獨自敲門拜訪各種不同類型的大客戶，所有人都認為以他的實力根本拿不下訂單，但最後他卻讓所有人跌破眼鏡，拿下一個個重要的大型訂單！為什麼當年他只有幾個人的小公司能拿下這麼大的案子？因為他的「一分鐘驚艷簡報術」！

很多人以為為了吸引對方（觀眾）的注意力一定要長篇大論、淘淘不絕，甚至口若懸河，這樣做反而會造成對方的反感。最好的簡報總是像 Apple 創辦人賈伯斯一樣的簡潔！

滄碩是我認識的友人中，在簡報設計上最簡潔！他設計的 PPT 總是立馬就能讓聽眾掌握到所有的核心重點，在簡報設計上他是高手中的高手。

很高興滄碩非常大方不藏私，首度公開他所有的驚艷簡報知識與多年實務經驗加惠更多讀者。透過這本書，讀者可以一步步在書中內容的引導快速的學會如何在簡報上藉由「色彩」吸引對方注意力、運用「排版」點出核心重點、再用「簡報邏輯」強化聽眾的記憶點，加上「視覺與動畫」的輔助，就能創造出屬於自己風格的「一分鐘驚艷簡報術」。

這本書分享了各式各樣可以立即參考使用的精美圖表與簡潔的設計風格，手把手教你快速做出讓聽眾或主管現場驚艷的簡報。善用這本工具書，你將發現原本會浪費在製作 PPT 上的時間可以省下來，再將省下的時間花在更重要的大事上——深入分析聽眾需求以及結構化自己想分享或需要報告的核心觀點。

這是上台簡報中，最棒的一本 PPT 工具書，也是一本提昇讀者職場競爭力的簡報工具書。真誠推薦給熱愛學習的您。

兩岸跨國企業爭相指名的財報職業講師

林明樟

一本令人驚艷的簡報聖經工具書！

太棒了！我的好友劉滄碩（人稱：Andy 老師），終於將《一分鐘驚艷簡報術！》出版了！

認識滄碩多年，他經常受邀至各大企業授課、演講，教授「簡報技巧」，每一次不僅大受好評，更重要的是，只要上完滄碩的課，學員都可以現學現賣；快速運用他所教的技巧，讓簡報令人驚艷！

而他的《一分鐘驚艷簡報術》，絕對是業界教授「簡報專業」，最值得推薦的一流頂級課程！

我之所以推薦人人都應該要有這本書，理由有四：

一、簡單易懂，立即可用：這本書與一般市面上教授簡報的工具書最大不同之處，就是運用大量簡單易懂、豐富的圖文說明，沒有艱澀難的技巧，可以讓你一看就懂，馬上就可派上用場。

二、新舊對比，找到你的盲點：我認為這本書，值得你買來珍藏，甚至作為你在簡報設計上必備的工具書。因為，滄碩老師將大家常犯的簡報錯誤設計、排版、字體……都一一提點出來，並且告訴你怎麼做，才能煥然一新，驚艷且令人記憶猶新。讓簡報發揮最大精準溝通的效果。

三、為你把脈，釐清簡報邏輯：無論你是職場上班族，或是希望提升自我簡報功力的專業人士，這本書還幫你釐清簡報邏輯思路，為你撰寫簡報把脈，找出你根本問題所在。

四、好用工具，為你簡報大加分：滄碩老師在本書中還特別精選出，簡報好用的網路免費資源，讓你在簡報設計上，視覺呈現上專業大大加分！

最後，由衷敬佩滄碩願意大方、無私，出版此書分享給更多人，讓更多人在簡報設計、技巧、視覺上大大受惠。

SmartM 世紀智庫 創辦人

許景泰

竟有這樣簡單單純的方法技巧，
就可以大大提升簡報可讀性與美感質感

　　一開始認識 Andy 老師是因為 LINE@ 的關係，因為想學習這主題但時間上無法搭配上，所以就揪了幾位共學朋友直接邀請官方認證的 Andy 老師來授課，也因此結下深厚的緣分。之後又經安璐老師的推薦，得知 Andy 老師素有多媒體設計專業，且網站設計與架設都有很優質的水準，所以陸續將品碩創新的官網與 i 平方學院的網站都委託他與他的團隊來設計處理。結果，真的是漂亮地沒話說，非常有質感且很令人驚豔，服務效率與品質也很優質。之後沒多久，又聽聞他要將多年得以擔任簡報評審、順利取得數次大規模提案的簡報技術與設計美感專業融合在一起的簡報技術，開班授課！

　　因為他事先就有告訴我，他會開這門課程，參加 Andy 老師的簡報課程前，我就幾乎興奮了快半年以上。實際進入他的課堂與課程後，則非常非常令我訝異，原來簡報技巧可以那麼簡單，原來簡報的顏色配置可以那麼單純，原來簡報的呈現可以那麼的專業，尤其尤其 Andy 老師的敘述，竟然可以把那麼複雜的東西講的那麼簡單，真的非常不容易，課程上完之後，我也馬上拿 Andy 老師的簡報設計的技巧來用，真的是受益一輩子

　　再沒多久，Andy 老師竟然把它的簡報課程內容與許多進一步的補充全部集結轉成一本書！就是你手上的這一本《1 分鐘驚豔簡報術》，收到 Andy 老師寫推薦序的邀請非常的榮幸與幸運，因為可以比大家早好幾步看到這本書的內容，真是太幸運了。

　　收到書稿，讀完這本書內容，只有一句話可以說，那就是──太令人驚豔了！全書的圖片視覺效果美不勝收，非常賞心悅目，更厲害的是 Andy 老師竟可以秉持「一分鐘」原則，化繁為簡把能做出令人驚豔簡報的重要法則原則與關鍵元素全部化為一個個小小的單元，每個小單元看完後都能夠快速理解與進行操作，立即上手！非常造福與適用忙碌異常的職場工作者。

除此之外，Andy 老師把他多年工作經歷累積出的設計素養，完整融入在他主要在全書中介紹的三大項關鍵元素，一是美感，二是邏輯架構，三是視覺動線，每一元素中的每一個傳授的快速上手技巧與方法，都很令人驚艷，原來竟有這樣簡單單純的方法技巧，就可以大大提升簡報可讀性與美感質感，真的是太棒了！

書中的邏輯架構章節所提到的一些概念與思維，恰好也是我平日講授「問題分析與解決」課程與進行企業輔導時，協助提升企業同仁邏輯思考能力時所強調的幾點邏輯思維，完全是不謀而合，所以我相信，這本《一分鐘驚艷簡報術》所教授的簡報呈現方法，只要單純地照做，日子一久，個人的邏輯思維也都會無形中跟著提升，這也是我平日授課時經常強調的，只要跟著方法論進行邏輯思考，久而久之，邏輯思考的習慣就會成為你的 DNA，進入你的血液之中。也無怪乎，Andy 老師團隊所製作出的簡報在競案提案時都能有很不錯的表現，這應該會是 Andy 老師這本簡報書中非常有價值的附加效益之一。

個人身為兩岸的講師與顧問，經常看到很多人的簡報與邏輯還是有非常多可以精進的空間，如果你有製作簡報的需要，Andy 老師的簡報課程，你一生一定要上過一次，而這本書《一分鐘驚艷簡報術》也絕對是職場人士提升自己必備擺在案頭的工具書，強力推薦此書給職場的每一個人！

品碩創新管理顧問有限公司 執行長

彭建文

將專業化繁為簡，即學即用

身為一個簡報愛好者，20 多年來在不同場域上課與演講，對於投影片的製作，我並不陌生。但每次看到專業級投影片設計，雖心生仰慕，但總覺那離我很遠。不是設計背景，怎有能力做出來那種質感。我尋求市面上簡報設計資源，但多是分散介紹適用於單一情境的技巧，較少系統性歸納設計的通則，我的投影片，依舊是花很多力氣製作，卻水準普通。但這一切，被一場簡報所拯救了。

那是第一次見到 Andy 老師上台簡報，我驚艷不已。

2016 年一場超過 400 位觀眾的演講，Andy 老師一出場，不！他當時根本還沒現身，在幕後僅用了一張投影片，再加上他從麥克風傳出的一句話，瞬間全場讚歎聲此起彼落，隨即讓聽眾秒懂，何謂投影片設計的力量。

我當時在台下即許願，若能有他對投影片設計及在舞台運用能力的十分之一，那該有多好！感謝上天應允了我，隔年與 Andy 老師同在一個場合授課，終於聽到他更完整版的簡報教學，我再次驚艷不已，馬上應用於自己的投影片設計。於是我又繼續貪心許願，不只在課堂上，若是能學到這簡報設計的終極完整版並可被隨時加持，那該有多好。再次感謝上天再度應允了我，Andy 老師出簡報設計專書啦。

這本書有兩大特色：「專業級設計技巧」與「簡單務實的技法」。Andy 老師是多媒體設計的科班出身，又具有多年行銷提案的實務經驗。因為這兩大主要經歷，所以他的投影片不只具有專業質感，編排邏輯更能說服台下觀眾輕易買單，最重要的是，Andy 老師將這些難以捉模的專業，化繁為簡，讓學生能即學即用。我將從 Andy 老師學來的設計技巧，轉介給我實驗室學生們，整個團隊的醫學簡報質感大增，製作的時間卻大幅縮短。

迫不及待推薦這本書給大家，處方專業實用，立即見效。

台北醫學大學醫學系生理學科副教授

林佑穗（呼吸貓）

自序

　　滄碩多年來擔任勞動部、青輔會相關創業、創意競賽評審委員，亦在許多公部門、企業擔任簡報技巧講師、顧問，評審、審閱超過 5,000 份的簡報、企畫書，同時自身也擔任許多企業的行銷顧問，深知簡報技巧、設計對於簡報提案成功與否，扮演的重要性！

　　提案、競賽過程中，簡報的視覺效果、美不美觀，占了很大的比例，人與人的第一印象，在兩秒鐘之內就決定，而這短短兩秒鐘，往往就扮演百分之六十到七十的關鍵因素！無論在評審或者是提案的過程，我發現簡報設計影響關鍵決策的幾個元素：

　　第一、**簡報設計美感**：直接影響第一印象，簡報設計的美觀，絕對是無往不利，但問題是並非每個人都是學過設計、如何將簡報設計的美觀，往往困擾許多人！

　　第二、**簡報邏輯架構**：透過第一關美感的考驗，簡報邏輯與內容，就是最重要的決勝關鍵，簡報設計的好看，但虛有其表，沒有紮實的內容與邏輯，則無法說服觀眾！

　　第三、**簡報視覺動線**：許多簡報失敗的原因，並非講者口才不好，往往都是簡報設計錯誤（例如文字過多），而分散觀眾注意力，使得簡報效果不彰！

　　因此《一分鐘驚艷簡報術》希望透過簡單的設計原則，讓讀者能夠快速掌握簡報設計要領，從「COLORFUL／色彩魔法篇」、「LAYOUT／驚艷排版篇」著手：

　　COLORFUL 色彩魔法篇：透過簡易色彩配色概念，提升簡報整體設計感，並使用「色彩魔法」配色工具，讓色彩為簡報加分！

　　LAYOUT 驚艷排版篇：簡單、實用，一學就懂！非設計人員都可以快速上手的驚艷排版術，讓簡報脫穎而出、鶴立雞群，進而吸引觀眾目光！

解決簡報設計美感後，進而探討「LOGIC 簡報邏輯篇」與「SIMPLIFY 簡潔藝術篇」。

LOGIC 簡報邏輯篇：簡報即「溝通」，介紹如何規畫設計，讓簡報流程順暢，簡報時如何「鋪哏」，設計互動引導觀眾進入主題，達到引人入勝之簡報效果！

SIMPLIFY 簡潔藝術篇：「化繁為簡」：透過獨特的「三秒膠」與「1 + 3」技巧，有效將繁雜文字內容，轉化為簡潔又具視覺效果之簡報！

最後帶到最多人困擾、難以處理的「**VISUALIZATION 視覺圖表篇**」與「**ANIMATION 動畫場景篇**」。

VISUALIZATION 視覺圖表篇：將簡報「圖表」、「影像」全面拆解，重新建構，打造驚艷視覺簡報！

ANIMATION 動畫場景篇：透過電影場景概念設計簡報動畫效果，促進觀眾凝聚注意力與提升理解力，讓簡報全面升級！

本書不管是哪個階段，都盡量秉持「一分鐘」能夠快速理解與製作的簡報設計技巧，不談高深的理論、不談花俏的設計技巧，結合過去滄碩授課、評審的經驗，汲取各種領域的簡報經驗，從實務面、案例探討，帶給讀者最簡單、實用的技巧！期待本書能夠成為您職場工作、學術報告與相關簡報場合最佳的好幫手！

目錄

第一章 COLORFUL 色彩魔法篇

第二章 LAYOUT 驚艷排版篇

第三章　LOGIC 簡報邏輯篇

第四章　SIMPLIFY 簡潔藝術篇

第五章 VISUALIZATION 視覺圖表篇

第六章 ANIMATION 動畫場景篇

chapter 1

_____

COLORFUL
色彩魔法篇

驚艷簡報真的重要嗎？

多年前，知名演員李立群拍攝過一支柯尼卡廣告，其中有一段廣告詞：

什麼樣的照片才叫好呢？

拍得漂亮，拍得瀟灑，拍得清楚，拍得得意，拍得精采，拍得出色，拍得深情，拍得智慧，拍得天真，浪漫反璞歸真，拍得喜事連連，無怨無悔，拍得恍然大悟，破鏡重圓，拍得平常心，頭頭是道，拍得日日好日，年年好年，如夢似真，止於至善！

我的天啊！什麼軟片這麼好啊？

啪啦！KONICA COLOR！

它抓得住我，一次 OK！

同樣的，怎樣的簡報才算是「好」簡報呢？

簡報究竟重不重要？

一直是眾人討論，甚至成為爭論的議題之一！有的人認為簡報本身不重要，會說就夠囉，尤其很多頂級業務，更認為業績根本不需要靠簡報，懂得怎麼說才是最重要的；而有的人則認為簡報十分重要，可以為演講者加分，透過影音效果，讓大家覺得很炫，但有的人又覺得簡報只是搶過演講者本身的丰采，簡報只是輔助；這些論述都對，各有各個觀點，從不同的角度、身分、行業，對「好」簡報都能提出不同的看法與觀點！

我在分享「驚艷簡報技巧」時，常會舉一個例子：「如果今天演講是劉德華要來到現場，你覺得他需要準備簡報嗎？我相信就算沒有簡報，一樣會大排長龍，對吧！」既然不用簡報，就更不用提到「簡報技巧」或是「簡報設計」，劉德華只要在站在舞台上就夠囉！知名企管講師、《說出影響力》暢銷書作者謝文憲曾提過：「如果你是個咖，說屁話都是對的；如果你是 nobody，說對的都是屁！」就是這個道理！

　　記得在幾年前，我剛研究所畢業，自行創業。有一個經濟部的計畫需要去提案，那時候穿著還很俗氣，大件的西裝外套，一副傻傻的模樣，走到會場準備簡報提案！到現在我印象還非常深刻，在我前面提案者是某公司的總經理，負責簽到處的人，很客氣的跟對方打招呼，還引領他進入會場，但是當我簽到時，簽到處完全沒有人理我，就讓我自己找我的名字簽名，真的滿傻眼的，不過這就是人生！哈！但是當我在現場簡報一致獲得好評，在離開之際，那位總經理竟然很客氣的跑來跟我打招呼！

　　有時候一份好的簡報，或許不僅僅只是贏得提案，甚至還會贏得尊重！

　　「簡報究竟重不重要？」關鍵就在於你是不是「名人」！我常說簡報就如同衣著：同樣是西裝，ARMANI 就是不一樣！名人就算不穿 ARMANI，鎂光燈的焦點依舊在他的身上，但是當我們還不是名人時，可能就要靠 ARMANI 來增添話題性，就像有句話說：「人要衣裝，佛要金裝！」一份好的簡報，尤其是「驚艷」簡報，絕對可能讓你「麻雀變鳳凰」，成為眾人焦點；而已經是名人的話，本身就具備「驚艷」的簡報特質，就如同佛要金裝的道理，絕對是加成效果！因此無論如何擁有「驚艷簡報」的能力，絕對是必要的！

您不知道威力無窮的「驚艷」兩秒鐘！

或許有的人還有點遲疑，覺得「驚艷簡報」真的如此重要嗎？舉個例子：

暢銷書作家麥爾坎·葛拉威爾（Malcolm Gladwell）在 2000 年 5 月《紐約客》專欄文章〈The New-Boy Network〉，文中提到哈佛心理學家安巴迪（Nalini Ambady）女士和羅森塔爾（Robert Rosenthal）做過一個心理實驗。

安巴迪原先是想要研究一個教師的成功因素有哪些原因，她覺得口語傳播與教授可能不是最主要的原因之一。於是她為一些哈佛的教授拍攝「10 秒無聲影片」，並設計 15 道題目，提供學生評分，完成後，又將影片從 10 秒鐘剪成 5 秒鐘，繼續進行這項實驗，這次換另一群人來看影片、評分。

結果發現，這些人打出來的分數與先前看 10 秒鐘畫面的結果完全相同，就算有差別也完全在統計誤差範圍之內。接著安巴迪更把影片剪輯到只剩 2 秒鐘，再換另一群人評分，結果依然相同！

實驗到這邊並沒就此結束，更令人驚訝的是，當學期結束時，安巴迪將同樣的題目，交給所有上過課的學員評分，如果說只憑 10、5、2 秒鐘就決定一個人的印象分數，太過於主觀、直覺感受，那麼上過一整個學期課的學生，對於課程教師的了解一定有更多、更深入的了解，評分的結果比較令人信服，比起原先隨便找幾個陌生人憑藉短短幾秒影片評出的分數，來得客觀、具有參考價值，但是評分最終的結果，竟然跟原先只看到短短幾秒無聲影片的學生評分，幾乎一模一樣！

可見人與人的第一印象，幾乎在一開始的兩秒鐘，就已經下了判斷！

同樣的，科學研究顯示，人類五種感官當中，透過視覺獲得資訊的比重高達

80%！因此簡報設計本身好不好看、視覺動線設計得不得當，都會影響到大家對於簡報者的第一印象以及內容的理解度。舉個例子：

大部分人第一時間看到此圖片時，通常第一時間會看向什麼方向呢？

是不是很容易就看向箭頭指引的方向呢？看向左下角呢？但是明明簡報當中的文字是「請看你的右下角」，為何會有這樣的差異呢？這就說明了「視覺」得重要性，人類的大腦對於視覺的處理是最為直接、最容易瞭解也最能夠信賴，古人云：「百聞不如一見」、「眼見為憑」的確有其道理。

知名簡報暢銷書《上台的技術》作者王永福（福哥）曾經提過：「越好的投影片，理解的時間越短！」

如何能夠讓客群對於簡報的內容理解時間縮短呢？一份好的簡報，除了在簡報架構、邏輯以及內容著手外，從上述的例子與科學研究，不難發現視覺設計是更重要的環節之一！尤其許多簡報提案，都是必須先將簡報檔案送審，通過後，才真的會聽到簡報者簡報或說明，因此簡報在視覺上設計得當，第一印象分數自然就高；設計不當，有時候甚至連內容都還沒看，印象分數就已經被扣分，因此千萬不要小看一開始能夠影響第一印象的「驚艷」兩秒鐘！

掌握驚艷簡報術的關鍵字

　　過往常到一些企業、政府單位擔任簡報講師，最常遇到的一種問題就是：「老師，現在許多簡報都強調要簡潔、重點，但是很多技巧都是無法直接使用，主管常常都會要求一張簡報要塞進去很多東西，不然就感覺不夠用心，準備不夠周全！這樣還能夠做到驚艷簡報嗎？」

　　我常常在演講時都會先分享「每日一字」：「艷」的橋段——何謂「艷」？

　　《春秋傳》曰：「美而 。」

　　《小雅毛傳》曰：美色曰 。方言。 、美也。

　　《玉篇‧豐部》：「豔，美也，好色也。俗作艷。」

　　（正體字為「豔」，本書為呼應色彩學，採用俗體字「艷」。）

　　從古人的文字當中，不然發現「艷」字，跟美、顏色有關，而「驚艷」義為「驚其美艷」，也就是「面對美艷（包括一切美好事物在內）而感到吃驚！」因此要能夠做到「驚艷」簡報，第一件事就是要掌握著「色彩」！

　　很多人一聽到「色彩」，可能馬上就聯想到：「色彩學」，然後緊接著就會選擇「放棄」！覺得自己不懂的設計、沒有學過色彩學、不會配色，或者覺得色彩學太過於艱澀，很難懂。

　　別擔心！既然本書稱作《一分鐘驚艷簡報術》，就是希望大家家可以在很短的時間內，就可以掌握要領，設計出驚艷簡報！

　　在此大家可以先記住一個口訣：「**要色一點，襯托場景！**」

要能夠達到「驚艷簡報」，只需要完成這個口訣：「要色，指的是顏色要一致；一點，指的是一頁一重點；場景，運用場景動畫」，歸納成三個簡單動作便是：第一、**顏色**；第二、**重點**；第三、**場景**！

　　過往擔任創業、創意競賽評審的經驗當中，發現一個很有趣的現象，大部分令人「驚艷」的簡報通常都有一個共通性，但是不好看的簡報設計，則有千千萬萬種方式可以達成，例如醜陋、解析度低的背景圖片、使用錯誤的字體、排版雜亂，以及顏色配色紊亂、不協調等等！其實要達到「驚艷簡報」，第一要素就是必須先掌握住「**顏色一致性**」！

舉個例子示範：

參、營運實績分析及因應作為－東線(1/2)

運能及運量分析

- 假日利用率較高：以台北=花東，台北=花蓮間，假日利用率較高，整體暑假利用率較高，運能較平常日不足。
- 東線短程旅次量較少：以目前區間車運能已可滿足。

營收分析

- 營收較去年同期增幅X.x%：花東電氣化完成，及新購普悠瑪列車全數投入營運，大幅提升東線運能，與去年同期比較營收增幅X.x%。

參、營運實績分析及因應作為－東線(1/2)

運能及運量分析

- **假日利用率較高：**以台北=花東，台北=花蓮間，假日利用率較高，整體暑假利用率較高，運能較平常日不足。
- **東線短程旅次量較少：**以目前區間車運能已可滿足。

營收分析

- **營收較去年同期增幅X.x%：**花東電氣化完成，及新購普悠瑪列車全數投入營運，大幅提升東線運能，與去年同期比較營收增幅X.x%。

大家是不是可以看出上面兩例簡報明顯的不同之處，相較於上圖原來的簡報，下圖「順眼」多了！

但是我有做許多的動作嗎？其實我在簡報當中唯一做的動作，就是「**修改顏**

色」，相信這個動作不會需要花費許多時間修改簡報，但是卻可以創造出很好的效果！

為何第一個重點是顏色呢？

如同我們前述提到，視覺印象分數通常在兩秒鐘之內就決定；如果我們可以在一開始就將簡報設計的吸引人注意、想看，那就已經成功一半。很多簡報設計、簡報技巧第一階段，都會要求簡報要精簡、要有重點、不要條列式，這部分絕對是簡報設計中很重要的一環，不容忽略，但是在實務上，許多提案、業務、行銷企畫人員，可能沒有太多時間準備簡報，或者是已經有基礎的簡報，但是不夠美觀，因此往往在第一印象就已經輸了，還不等簡報者開口，可能就已經被刻上一層較低的印象分數！

此外如同前面所述有些企業、主管，可能會要求簡報當中要秀出許多的資訊，雖然簡潔、重點是簡報很重要的一環，但是當這份簡報提交後，可能在第一時間就因為不符合企業、主管需求，而獲得比較不佳的印象分數，甚至許多主管可能也沒有什麼時間仔細詳細看內容，即便簡報內容很有架構、內容，也更容易理解，但是往往會因為一開始的「印象分數」而被挑東揀西，甚至沒來得及仔細看就被退回，但是若要按照主管的要求，將所有內容、圖表全部塞在一張投影片，感覺上又很雜亂、毫無重點！

因此掌握「改顏色」的簡報設計要訣就顯得非常重要，**大部分簡報設計不當，都是源於在「顏色」上出了問題**。大量的資訊、圖表集中在簡報中，內容有可能來自於過往簡報、網路下載等不同管道，往往簡報沒有太多時間製作，就一味的將所有東西塞到簡報裡，造成顏色太多、視覺紊亂，簡報整體看起來自然就會怪怪的。其實，可以不用變更原先簡報的設計與內容，只要用最短的時間，先為簡報「修改顏色」，如同左圖範例，我只是先將所有顏色統一、具有一致性，就可以讓簡報整體設計大改觀，瞬間贏得印象分數！

要讓簡報變得好看其實並不困難，只要懂的「**修改顏色**」就可以囉！

不過我在許多課程、演講當中發現，許多的學員心中都不禁會產生一種疑惑，色彩是不是多一點變化，會比較有層次變化呢？

的確，以色彩學來說，漸層色或是多種顏色，可以讓畫面變得更有層次、變化，但是「水能載舟、亦能覆舟」，多種顏色的使用，搭配不當的話，反而會讓整體視覺顯得雜亂、不好看，因此要達到「驚艷簡報」的第一步驟，其實光是掌握著「驚艷」的「艷」這個關鍵字的意涵：「美，色」，首先動手「修改顏色」，**將簡報的色彩調整為一致性**，自然就可以解決大部分簡報視覺不好看的問題囉！

簡易上手的色彩魔法技巧

經過前一小節顏色的要訣介紹後，大家可以拿出以前做過的簡報，先試著調整看看簡報的顏色，就會發現好像真的有點不太一樣了！不過有些人可能會遇到一個問題而卡住：「看起來很簡單，但是做起來很困難耶！雖然說是改顏色就好，但是究竟要改怎樣的顏色呢？而且簡報裡面很多種顏色，那又該如何呢？」

別著急，跟著下面的幾個技巧，不用擔心沒有學過設計或色彩學，也能夠輕鬆上手喔！

1.4.1 掌握 Logo 顏色

色彩，是視覺傳達的最基本元素之一！

色彩搭配本身就是一門專門的學問，不僅僅只是色彩、設計，更深層的還有色彩心理學，以及各種色彩對於各個國家、民族、文化不同，而有其不同含意，要怎麼把簡報顏色搭配的好看，其實並不容易，尤其是沒有學習過美術、設計背景的人們！

許多人會覺得配色很困難，甚至有些人會認為，就算學了色彩學，讀了很多色彩圖鑑的書籍，但是不管怎樣搭配，簡報配色總是怪怪的，說不出來哪裡怪？好像色彩這件事情需要天賦，自己壓根兒不是學美術、設計的料！

其實不懂的配色，一點都不用擔心，只要掌握著一個小技巧：「**先從 Logo 顏色著手**」！

01.掌握logo顏色

TYPE01-單一顏色logo

R 49 G 80 B 150
#315096

　　不過實際在設計簡報時，常常看到學生選擇顏色都會用「眼睛測量」，例如 Facebook Logo 是藍色，就「大概」在簡報軟體當中，選擇一種「藍色」作為搭配使用，這麼一來還是會造成簡報視覺上，同時存在「兩種顏色」，甚至是更多種看起來很類似的「藍色」，這麼一來，就依樣會造成簡報色彩不具有一致性，因此當我們在設計簡報時，可以善用簡報軟體當中的「色彩選擇工具」，幫助我們更容易選擇「精準」的顏色，讓顏色完全與 Logo 色彩符合、具有一致性！

　　以 PowerPoint 和 Keynote 為例：

PowerPoint 2013 以上版本：

1. 選擇任意要改變顏色的文字或形狀。

2. 然後點選「字體顏色」下拉選單。

3. 選取「色彩選擇工具」。

4. 在圖片上自由選取想要的顏色，點擊滑鼠，則文字顏色就會改變！

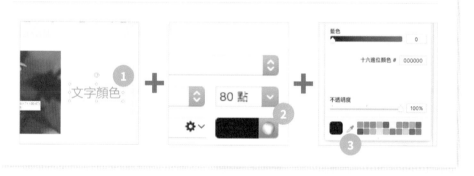

Keynote：

1. 選擇任意要改變顏色的文字或形狀。

2. 然後點選「字體顏色」下拉選單。

3. 選取「色彩選擇工具」。

4. 在圖片上自由選取想妛的顏色，點擊滑鼠，則文字顏色就會改變！

　　有許多人或許使用的是 PowerPoint 2010 以下的版本，則沒有內建「色彩選擇工具」，就無法像上述的方法，快速挑選色彩，那該怎麼辦呢？建議大家可以下載「Color Cop」免費軟體！

Color Cop 這是一款簡單且多用途的顏色選擇器，方便使用於常常需要用配色的使用者，介面簡單操作且可直接以滴管吸取顏色使用並得到十六進制顏色代碼。

Color Cop：

1. 下載 Color Cop http://colorcop.net。

2. 開啟 Color，點選軟體中的「滴管」圖示。

3. 按著滑鼠左鍵，拖拉至圖片上想要的顏色。

4. 得到顏色代碼 EX：#7E3F40。

不同於 PowerPoint 內建的色彩選擇工具，只能再 PowerPoint 軟體視窗中選取色彩，Keynote & Color Cop 則可以在螢幕中任一位置選取色彩喔！

舉幾個我簡報設計範例供大家參考：

　　LINE@Logo 顏色以綠色為主，我 LINE@ 課程簡報就以綠色為主要顏色；而 Facebook Logo 顏色以藍色為主，課程簡報則以藍色為主要顏色！

　　大家可以發現在上面的簡報中，我並沒有刻意去使用太多的顏色，主要以 Logo 顏色為主，設計出來的簡報就不會不好看！

　　其實不管是企業抑或是公益團體、學校組織等等，都一定會有固定的 Logo，在視覺設計當中通常為 VI（即 Visual Identity），通譯為「視覺識別系統」！而 VI 大多數都是請設計師特別設計過，因此無論是設計、形狀、顏色配置上都有一定的美感，所以我們只要「借力使力」即可！

　　所以在簡報設計上，我們可以先針對 Logo 的顏色，作為簡報的主色，然後一一將簡報中的顏色調整為主色的形式，這樣一來就會達到視覺的整體性，使得簡報更為美觀！

　　接著我們再以另外一個案例做說明：

　　PowerPoint 當中有一個 SmartArt 圖形功能，方便使用者設計出許多漂亮、特殊的圖表功能，包含許多的流程圖、組織階層圖、關係圖等等，但是也因為太方便了，反而讓許多人很喜歡變化許多不同的圖表、顏色，尤其是顏色的部分，因為 PowerPoint 本身提供許多顏色的配置選擇，大家會忍不住喜歡換來換去，於是乎就常常看到如下頁的簡報設計：

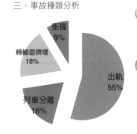
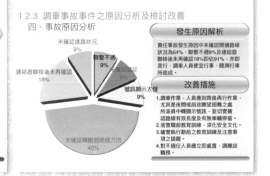

如果我們僅是單獨一張投影片來看，其實並不一定不好看，但是若是一張接著一張，顏色都不一致，這時候就很容易造成視覺的紊亂，而使得簡報整體不具有一致性、不好看。因此第一件事情，還要是先以「顏色一致性」為簡報修改首要！

因此我們先針對簡報顏色做調整，以 Logo 藍色顏色為主要顏色，然後在重點或是要強調部分，適當的加上較為鮮明的顏色，作為凸顯，這麼一來簡報視覺上就更為接近「驚艷簡報」的目標了！所以，切記，在簡報視覺上，第一個動作永遠都是「要色」：**先將簡報視覺顏色調整為一致性**，讓整題視覺先有一致性，簡報自然就會好看多囉！

話說到如此，有人可能會有疑問：「那如果我只是學校學生或是個人演講等等，並不一定有公司或是單位的 Logo 這時候又該怎麼辦呢？」兩個建議：

第一、如果是學校，或許可以**參考學校的 Logo** 設計，依據學校 Logo 顏色簡報的主色，當然會有遇到一種情況：不喜歡學校 Logo，或是學校的 Logo 顏色太過於複雜（事實上，的確很多學校的 Logo 都很喜歡用得像奧運 Logo 一樣五顏六色，然後分別富於不同顏色、不同的意義與說明。P.S. 我個人是比較不喜歡 Logo 太多種顏色！），關於這種 Logo 顏色太過於複雜，我們會在後面討論！

　　第二、直接挑選自己喜歡的顏色就好，但是請記得要**選一種顏色就好**，大部分簡報視覺不好看最主要的原因就在於顏色太過紊亂，所以只要掌握一個原則，將顏色視覺調整為統一顏色即可！

1.4.2 Logo 具有多種顏色怎麼辦？

　　掌握 Logo 顏色的技巧並不困難，但是有些特殊情況，例如 Logo 顏色非常多種顏色時，那麼究竟要怎麼選擇 Logo 的用色呢？例如常見的 Google、eBay 的 Logo 就屬於顏色較多的設計，這時候簡報到底要怎麼調整呢？

　　這邊要教大家兩種小技巧：第一、留白；第二、反白！

　　(1) 留白：通常 Logo 顏色較多，建議簡報本身的設計盡量以白色為主，因為 Logo 本身色彩較多時，就容易將視覺注意點搶走，這時候如果再加上其他顏色、圖片等，就會讓整體簡報更顯得混亂，不過有些人可能會覺得整個簡報都是白色，又會顯得太單調、空洞，這時你可以透過簡單的裝飾，例如在簡報底部加上橫條形狀，同時搭配 Logo 原本就有的顏色，

不要再額外增添顏色，這樣就能夠讓簡報增添視覺變化，而不致於過於單調！

此外值得注意的一點，簡報當中是否真的需要每一頁都放置 Logo 呢？如果沒有強制規定的情況，甚至建議可以在簡報封面或是重要的章節頁面附上 Logo 即可，不一定真的需要每頁都放置 Logo 喔！

(2) 反白：如果 Logo 的顏色真的多到太複雜，不如直接將 Logo 顏色整個變成白色，然後在投影片背景直接使用 Logo 原先有的色彩，作為對比的搭配！

這樣一來還可以根據不同的顏色，作為不同章節的封面，例如我平常講授內

容行銷課程時，我的簡報設計，就是將不同的章節設計成不同的顏色，這樣不僅色彩具有豐富的變化，同時在不同色彩轉化過程中，也會提醒觀眾意識到已經轉換為不同的章節，而將注意力拉回到課程當中！

剛剛提到將 Logo「反白」看似容易，但是大多數讀者可能都沒有學過設計，或是沒有適當的設計軟體修改 Logo 圖片顏色，雖然講起來容易，但是操作上可能不知道如何著手！既然稱作「一分鐘」驚艷簡報術，如果需要花費很多時間、或是需要用到太多工具，就不是本書的初衷囉！因此接著要教大家更為簡單的一個方式：不需要修改 Logo 圖片就能做到的技巧！

一樣運用反白的技巧，不用改原來 Logo 的設計，也能夠有很好的效果喔！

(3) 色塊：當 Logo 顏色過於複雜時，我們可以運用簡報軟體當中的「形狀」功能，在原本的 Logo 底下可以加上一個白色矩形或圖形等形狀，通常我比較推薦使用圓角矩形，因為一般矩形，四個角呈現九十度，視覺上較為尖銳，改為圓角的方式會較為柔和！

透過在 Logo 底部加入圓角矩形後，就像是將 Logo 的部分在簡報當中「隔離」出來，形成單一的區塊，雖然原先 Logo 顏色比較複雜，但是因為加上白色的矩形後，視覺上就等於是變成一個區塊，比較不容易干擾到其他元素（文字、影像），因此原先 Logo 較多色彩造成視覺紊亂的情況，就會因為加上色塊的設計後，而降低干擾，不至於造成視覺上過於突兀的感覺！

此外還可以嘗試將色塊形狀顏色加上「透明度」，使得整體視覺更具有穿透性、層次感！這些方式都能夠有效的克服 Logo 色彩較為多元的問題！

色彩魔法配色工具篇

許多簡報設計的書籍都一定會提到「色彩學」，說明暖色系、冷色系，甚至是各種顏色代表的意涵等等，但是大多數的人要不是看了沒有懂，就是看了也不知道怎麼使用與搭配，本書要教大家的就是，不需要學太多色彩學、簡單就能輕易上手的方式！

在之前我們已經分享過簡報的視覺呈現，其實只要先透過 Logo 的配色，抓出簡報的主色之後，按照 Logo 顏色修改簡報設計，整體具有一致性，簡報自然就美觀許多，請永遠記得簡報內容設計中，不管是「文字」、「標題」、「圖表」等，盡量要以 Logo 主色為主作配置！

接著要跟大家分享的是**「百搭色」：黑色、白色、灰色**。這三種顏色通常在色彩學當中，我們會稱為「中性色彩」，而我個人比較喜歡稱為「百搭色」。之所以稱之為百搭色，應該不難理解，就是這三種顏色基本上跟任何色彩都很容易搭配，只要再稍微掌握著「深色底淺色字」、「淺色底深色字」的小技巧，簡報設計上就不太容易造成視覺上不美觀的問題！

「深色底淺色字」、「淺色底深色字」算是基本概念，不過在實際授課或是擔任評審時，常發現很多人都忽略掉這個問題！永遠不要忽略掉「2 秒鐘」視覺的影響力，色彩配置只需要花一點點時間，就可以掌握到要領，就算完全不懂什麼是「深色」、什麼是「淺色」，都可以依照下列步驟，找出視覺美觀的配色組合！

同樣的，大家在一開始設計簡報時，第一個動作就是先從 Logo 挑出「主色」，接著以「主色」、「黑色」、「白色」作為背景顏色，如同下列畫面，我們可以

先在簡報當中做出九張簡報，接著再投影片上加上「文字」，文字顏色分別使用「主色」、「黑色」、「白色」，這麼一來，就可以看出視覺上如何搭配比較適合，文字比較容易凸顯出來！除此之外記得再做一個動作，在電腦中播放投影片，然後人站在 10 ～ 15 公尺左右的距離（距離其實沒有一定限制，重點是設計時不妨離開電腦桌面！），從遠處看一下電腦螢幕上簡報的配色，這樣會比較貼近實際投影環境，看起來也會比較準確！

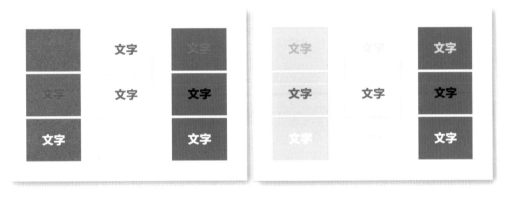

深色底淺色字，配色範例。　　　　　　　　　淺色底深色字，配色範例。

　　由上面圖片，不難看出當我們「主色」顏色較淺時，背景就需要用較深的顏色來做襯托，當「主色」顏色較深時，當然就要以淺色為背景色，相互搭配才能夠凸顯出最佳的色彩效果，雖然是小小的技巧，但是許多人都忽略掉，其實只要簡單的搭配一下，就可以避免視覺設計上的錯誤，一定要注意！

色彩魔法配色工具：進階篇

有些朋友如果已經掌握住「Logo」配色法後，可能想要對於簡報色彩配色更為精進，運用更多不同的顏色來設計簡報，我通常會建議使用 Adobe Color CC！

Adobe Color CC：https://color.adobe.com/

其實配色是有一定的規則可循，只要依照著基本配色準則，就能快速的找出好看又有質感的配色，但是畢竟大家不是都學過美術、設計或色彩學，這時候 Adobe Color CC 就派上用場囉！在 Adobe Color CC 網站當中，會有許多設計師已經搭配好的色彩，大家只要找出自己喜歡的顏色組合，直接使用即可，完全不用懂的如何設計以及配合！

當我們進入 Adobe Color CC 網站後，可以在左上角選擇「探索」的選項：

接著會看到許多一排一排的顏色，通常我們稱之為「色票」！

每一組「色票」其實都是設計師已經設計搭配好的顏色，完全無需具備色彩學概念，就能快速的找出具有質感、品味的色彩組合，找到一組你喜歡的色票後，請記得把握一個原則「1 + 1 + 3」的配色技巧！什麼是「1 + 1 + 3」呢？各位可以仔細看一下，在 Adobe Color CC 網站上，每一組色票都是五種顏色，通常我會建議區分成「主色」、「背景色」以及「輔助色」，各是「1」+「1」+「3」，一個主色、一個背景色以及三個輔助色。

　　問題是，五個顏色哪個顏色要當作是「主色」，哪個顏色作為「背景色」以及選什麼顏色作「輔助色」呢？還記得前面提到的「深色底淺色字」、「淺色底深色字」的原則，先將最深、最淺的兩種顏色挑出來，那色票都一定會

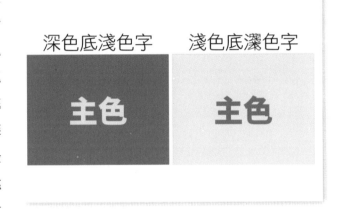

有很明顯的「深、淺」兩色嗎？如果沒有很明顯，或是自己沒有學過設計，看不太出來怎麼辦呢？

　　別擔心，Adobe Color CC 網站中有上百組色票，你可以盡情的在其中挑選出，你喜歡的色票，而且具有「深、淺」較為明顯的組合，如果真的看不出明顯的深、淺色票，就可以先跳過不要使用！

　　當你挑選出一組色票，並且從中挑選出「深、淺」兩色後，自然就剩下三種顏色，就是所謂的「輔助色」，那麼該組合搭配以及運用呢？其實很簡單，一樣善用「深色底淺色字」、「淺色底深色字」的概念，先將投影片背景設定為「深色」或是「淺色」，那麼文字顏色便是使用另一種顏色。

挑出「深、淺」兩色，我們就可以擁有兩種配色組合，接著可以離開座位，遠距離看一下哪種配色比較適當，這樣就可以有基本的配色組合，接著再運用「輔助色」於簡報設計當中，「輔助色」可以怎麼運用呢？通常在簡報設計當中，很多人都會提倡「3」這個魔法數字，任何條列式、重點等文字，盡量在簡報當中以三項為限，所以我們可以直接將三種輔助顏色，當作是簡報當中的三項重點的顏色運用！

上圖我們就可以運用「輔助色」，當作是投影片中，三個項目的背景顏色，此外需要時善加運用「百搭色」（黑、灰、白），穿插運用，整體簡報設計就會好看許多！

另外還有一種色票的運用方式，例如剛剛提到：「如果色票五種顏色的深淺度不容易辨識的情況下，又該怎麼辦呢？」

有兩種方式可以做運用：

第一、如果色票當中有兩種顏色較為類似，例如下圖色票，藍色系有兩種，這樣一來我們就可以將兩種藍色，分別當作「主色」與「背景色」，剩下三種不一樣顏色，正好當成輔助色！

接著一樣就可以運用前面所提到的「深、淺」兩色互補以及搭配「輔助色」的方式設計簡報！

深色底淺色字　　淺色底澤色字

主色　　　　主色

第二、如果色票五種顏色，不僅顏色看不出深淺，同時也沒有類似顏色，但是偏偏又喜歡該色票的配色組合，其實就可以使用我們在前面章節提到：「Logo有很多種顏色時的處理方式！」（如上圖），可以將色票中每一個顏色作為一個章節的主要顏色！

如此一來簡報的設計也會非常好看，具有獨特的風格喔！

簡報版型不要用？

　　許多簡報教學文章或是書籍，可能都會提到簡報的版型竟量不要使用！這樣的概念其實只說對了一半，許多人會這樣提的原因，都是因為 Power Point 預設版型的關係，但是這並不是 Power Point 的版型問題，大家可以仔細觀察，其實 Power Point 本身的版型，都有符合我們先前提到的以 Logo 顏色為主色，整體配置要有一致性這些原則，但是為何簡報會不好看呢？其實主要原因是顏色不一致，尤其許多人喜愛使用 Smart-Art 或是文字藝術師，這兩個工具都可以讓使用者快速的選擇喜歡的配色，但是許多時候，大家都會覺得每一頁投影片都應該來換一下不同顏色，於是乎反而造成簡報顏色紊亂，間接使得整體簡報看起來不好看，如果將配色調整成一致性，其實用原先 Power Point 的版型也不會不好看喔！

　　同理，許多人認為使用 Mac 的 Keynote 簡報軟體，製作的簡報就好像都比較好看，其實不然，只要簡報的配色沒有一致性，不管用任何簡報軟體製作投影片，都只會讓視覺紊亂，簡報都不會太好看喔！

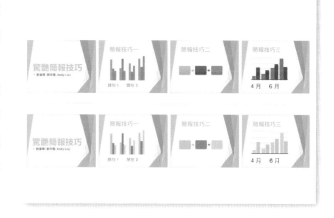

　　所以在本章節最後簡單的複習：要能夠讓簡報達到「驚艷」，第一個步驟就是要做到「要色」，顏色要對、要美、要有一致性！這樣簡報就達到及格的水準喔！

chapter 2
_____

LAYOUT
驚艷排版篇

快速上手的三招簡報配置，
有效縮短工作效率

先前我們已經提過要達到驚艷簡報之前，「修改顏色」的重要性，隱藏在背後還有一個很重要的原理就是簡報設計要有「整體性、一致性」，修改簡報顏色是最快能夠讓簡報整體看起來**加分最多**的一個技巧，**花最短的時間**就能夠達到最佳的視覺效果，但若要說到讓簡報設計花費更少的時間、達到更長效的效益，就不能不提到「投影片母片／幻燈片主版」的運用！

所謂「工欲善其事，必先利其器」！許多人在使用簡報軟體時，都會想到有沒有漂亮的版型可以使用，但是卻都忽略了「投影片母片／幻燈片主版」的運用，每個簡報版型／範本，其實都是由「投影片母片／幻燈片主版」所構成，但是使用「投影片母片／幻燈片主版」究竟有什麼好處呢？而「投影片母片／幻燈片主版」究竟又是什麼呢？

大多數的人在簡報製作的過程當中，都是先選擇一個版型，然後就開始製作，如果遇到一種情況，原先標題可能是使用新細明體，突然發現主管或是提案規則中，規定要使用標楷體，這時候怎麼辦呢？有些人可能就一頁一頁修改，頁數在四、五十頁內，還可以接受，但是超過這樣頁數的投影片時，修改起來就會非常的曠日費時。

還有一種情境是企業內可能需要跨部門合作製作簡報時，大家可能都用不同的簡報版型、字型、文字大小，更遑論條列項目、圖表、形狀等運用差異自然就更大，光想到有這麼多要注意的項目，聽起來就覺得很麻煩，簡報製作起來需要耗費許多時日，往往花費在製作簡報的時間，都超過搜集資料、演練的時間。

所以如果可以在簡報製作一開始就套用「投影片母片／幻燈片主版」，便能夠只要修改一張母片投影片，就直接套用到全部的投影片，不需要再一張一張投影片修改，除此之外，我個人認為運用「投影片母片／幻燈片主版」最大的好處就在於可以讓簡報整體視覺統一、具有一致性，使得整體簡報視覺加分許多，省掉許多簡報製作的時間，讓工作更有效率，可以花費更少的時間在簡報製作上，而花費更多時間在內容構思、結構調整與演練！

　　首先我們先來看看在簡報軟體中，要怎麼開始：

　　以 PowerPoint 和 Keynote 為例：

PowerPoint 投影片母片：

1.開啟空白簡報，然後在〔檢視〕索引標籤的〔母片檢視〕群組中，按一下〔投影片母片〕。

2.此時會顯示含相關聯（預設）版面配置的空白投影片母片。

　　在使用投影片母片時，要特別注意，通常我們會稱呼在母片中的第一張為「母版」，在「母版」當中所做的任何動作都會直接套用到後面所有的投影片，例如下頁圖，我們在「母版」中加上驚艷簡報技巧的 Logo，後面所有的投影片母片，就全部會加上 Logo 的設計！

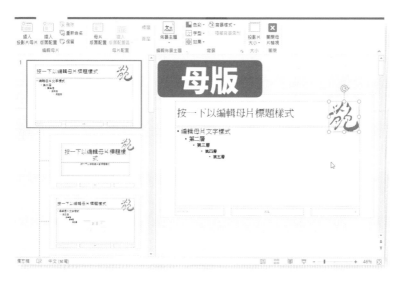

所以通常建議像通用的背景圖片、背景顏色、企業標誌這一類的元素，可以直接設計在「母版」當中，當一些基本的通用的元素設計好後，我們就可以在後面的投影片母片當中，分別針對簡報內容所需，來設計內容！而在「母版」後面的投影片，我們通常稱作「版面」，如下圖：

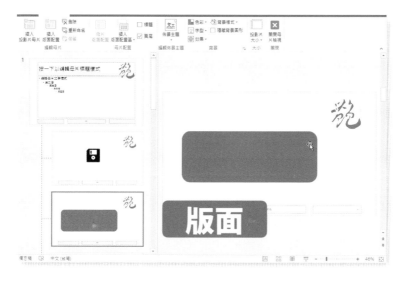

在每一個「版面」當中，我們可以分別設計不同的元素，而不會互相干擾，例如我們可以在第二張投影片加上圖示，而在第三張投影片加上色塊形狀！因此

我們可以根據簡報內容需要，來設計各式各樣的簡報母片！

除此之外，投影片母片當中還有提供「版面配置區」的功能：

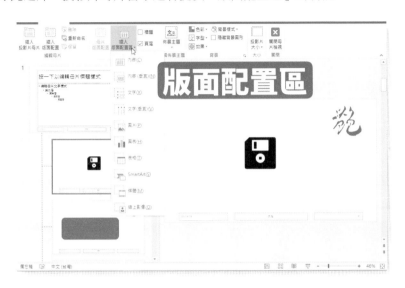

「版面配置區」當中提供了「內容」、「文字」、「圖片」、「圖表」、「表格」和「媒體」等形式，「版面配置區」最重要的目的就是先將簡報的版面預先做配置，方便未來簡報設計套用，舉例來說，像現在許多簡報設計都會強調「滿版大圖」、「影像」的重要性，因此許多簡報都慢慢的會將影像插入簡報當中，但是實務上，常見許多人在簡報設計時，是直接將影像、照片插入簡報，但是因為每張圖片的尺寸不一定都一樣，造成每插入一張影像，就要調整一次影像尺寸，使得影像可以符合一致性，一樣符合滿版大圖的尺寸要求，其實如果妥善運用投影片母片，就可以省去許多修改的工夫。

首先我們可以在投影片母片當中，先點選「插入版面配置區」，選擇「圖片」，插入後我們就可以將「圖片」配置區的尺寸調整成簡報滿版的大小，未來在製作簡報時，就可以直接套用設計好的「投影片母片」！

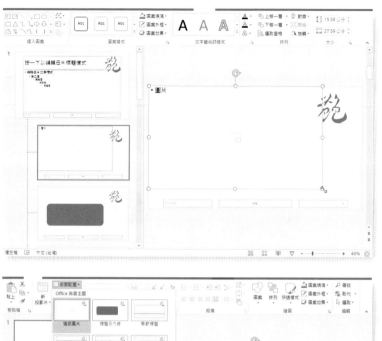

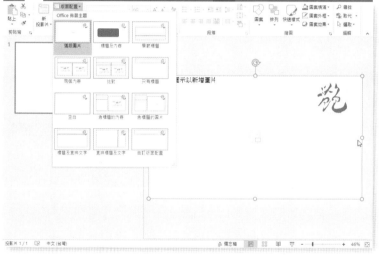

　　當我們在簡報中選好預先設計好的投影片母片後，我們就只要輕鬆的從電腦中選擇影像，就能夠自動填滿整個簡報版型，如下頁圖：

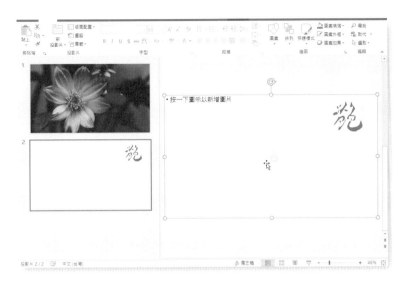

　　這麼一來就可以改善原先我們在製作投影片時，需要每一次都插入一張影像，然後每張影像都必須重新調整尺寸的情況！

　　Keynote 幻燈片主版：

　　Keynote 則不像 PowerPoint 有「母版」的設計，每個幻燈片主版都是獨立的個別設計，若是需要設計滿版圖片的幻燈片主版，可以先隨意拖拉一張照片到幻燈片主版當中，點擊照片後，在右邊編輯區域可以看到「定義為媒體暫存區」，

如此一來，未來需要使用影像時，可以直接用拖拉的方式，將影像拉進簡報當中，影像就會符合預先設計好的暫存區尺寸，輕鬆又快速！

因此我們在開始設計簡報時，不是打開簡報軟體就開始設計，而是先針對簡報的架構、章節、內容先做好規畫，預先設計好簡報的版面配置，就能夠有效提升簡報製作效率！

透過前述說明後，操作上應該不會是太困難的一件事情，但困難的可能會是在：「母片究竟要怎麼設計，簡報的版型才會好看？要不要花費很多時間？」

在過往授課經驗當中，學員最擔心的通常都是沒有時間製作或是怎麼設計都不會好看，現在你不再需要擔心這些問題，趕緊跟著以下三個大方向就能夠快速設計出實用、美觀的驚艷簡報喔！

在開始「投影片母片／幻燈片主版」設計之前，如果你是跳著閱讀「一分鐘驚艷簡報術」，建議先閱讀重 1.4 簡易上手的色彩魔法技巧＞章節，快速先掌握簡單的色彩魔法技巧，對於下列「投影片母片／幻燈片主版」設計說明，能夠有更清楚的概念！

2.1.1 主色交換，搞定章節層次變化

先前提到簡報主色可以使用 Logo 顏色，當作配色使用，雖然可以快速提升簡報的視覺效果，但是會有一個小小的問題，如果簡報從頭到尾的設計，都是一成不變，有的人又會擔心簡報設計是否會過於單調，其實只要掌握一個小技巧就能夠讓簡報的配色有些不同的變化，先前我們有提過一個配色的概念「深色底淺色字」、「淺色底深色字」，只要稍加運用這個配色概念，就可以讓簡報設計有點層次變化！舉例來說：

在範例上半部是修改前的簡報設計，雖然顏色調整為一致性，以 Logo 主色為主要設計，簡報看起來已經不錯，但是配色層次上稍顯薄弱，淺色（白色）背景為主要的簡報設計，如果簡報的頁數多了，或是簡報的時間久了，長時間看下來，很容易使得觀眾視覺疲勞也容易分神，不知道究竟簡報到哪個章節，若是我們能夠適當的使用「深色底淺色字」、「淺色底深色字」技巧作為簡報設計的對比，例如各位可以將「深色背景」當作是章節的開頭，而「淺色背景」的部分拿作內

頁設計使用，例如下圖比較，當我們將簡報頁數增加時，就更可以看出簡報設計的層次感！

大家不難發現，簡報設計只要運用主色的深淺變化，就能夠輕鬆的將章節分清楚，同時搭配好母片設計運用，製作簡報的時間不僅能夠快速縮短，又能夠呈現出簡報設計的層次感！

2.1.2 百搭灰，內文背景均適用

到這個階段簡報無論是在顏色、位置等都有了一致性，也稍具有層次變化，但是各位如果再稍微仔細觀看我們修改後的簡報會發現，看久了會有一點點「膩」，怎麼說呢？

因為我們在簡報設計當中都使用「主色」，只有一個顏色的深淺變化，乍看之下並沒有太大的問題，但是在實際簡報運用上，並不是這麼一回事，主要原因就出在「文字」上，因為簡報當中難以避免的就是──文字描述。如果我們在簡報設計當中只有使用「主色」，加上簡報文字較多時，同樣一個色調和色系，看久了容易讓視覺出現疲乏的狀態，但是若要使用不同顏色，這樣許多非學過設計學的夥伴很難上手，搭配顏色時，也會遇到許多挫折！其實要讓顏色有不同的層次變化，不顯單調，其實不需要使用很多種的顏色，有時候多種顏色運用不當，反而使得簡報視覺更為糟糕，這時候只要適當的使用「百搭色」，就能夠解決這

一類的問題！

　　之前我們提到一般黑色、白色這一類中性色，適用於搭配各種顏色，在此會建議大家可以使用「深灰色、淺灰色」作為背景、文字的色調運用，會使得簡報色彩具有層次感，讓簡報更為出色！

　　除了簡報內文的色彩搭配外，更進一步我們可以將「深灰色、淺灰色」作為背景，當作是「子章節」的概念，主標題以及子標題的部分，也可以用「主色」和「深灰色、淺灰色」互作搭配，例如下圖：

主色　　　搭配灰色

簡報技巧
LOREM IPSUM DOLOR
SIT AMET,
CONSECTETUER
ADIPISCING ELIT, SED
DIAM NONUMMY NIBH

簡報技巧
LOREM IPSUM DOLOR
SIT AMET,
CONSECTETUER
ADIPISCING ELIT, SED
DIAM NONUMMY NIBH

　　搭配前述母片的使用，我們便可以將常用的幾種格式設計在簡報母片當中，當作是一般常用的基本格式，未來在使用時就可以方便套用，而不用花費太多時間在簡報設計上！

🖉 2.1.3 影像是最佳色彩妝點

　　許多人或許還是會擔心這樣簡報的色彩會不會過於單調，其實這是完全多慮了，只要能夠將「主色」和「深灰色、淺灰色」搭配得當，就已經夠大部分簡報

情境所需，而且許多簡報當中都一定會使用到影像／照片，影像／照片本身就具備不同的色彩，自然就會豐富簡報整體的視覺效果，所以無須太過於擔心！

常言道：「一圖勝千言。」（A picture is worth a thousand words），簡報當中如果圖片的運用得當，不僅可以省去許多文字說明，讓觀眾一目了然，更是簡報視覺中最佳的裝飾者，接著讓我們看看影像／照片在簡報當中還可以怎麼運用吧！

影像魔術手，快速提升排版視覺效果

大部分都有直接使用 PowerPoint 版型的經驗，大多數的版型都有「邊框」，所以很多人習慣在設計簡報時，就將文字、圖片所有內容都「塞」到版型的邊框當中，例如下圖：

這麼一來，影像就像是被關在邊框當中，加上版型本來就具有固定的色彩，跟影像色系、色調不一定能夠搭配，非常容易就會造成色彩搭配不佳的視覺印象，本來影像可以創造出「勝過千言萬語」的作用，順間就會大打折扣，非常的可惜！

此外有些簡報不是直接將影像／照片放置在版型當中，而是直接在同一張簡報當中，塞進多張照片，如下頁圖所示：

多張影像效果

Photo by https://unsplash.com/photos/6ZkiWv0jiHI
Photo by https://stocksnap.io/photo/J3RI_1RIZED
Photo by https://stocksnap.io/photo/9YTIPk9MIO
Photo by https://stocksnap.io/photo/RASEOPDOC7k

大家可以發現在簡報當中，使用影像／照片時，反而沒有版型、背景圖片，效果並不會比較差，如同前述影像本身就已經具有豐富的顏色，這時候簡報的背景顏色越單純，越能夠凸顯出照片中的人事物。不過多張照片放置在一起，加上很多人在簡報時，都很快速的帶過，造成觀眾還來不及細看或是還反應不過來，簡報已經跳到下一頁，這樣就失去「一圖勝千言」的意義，因此影像魔術手這小章節當中，要跟大家分享影像快速三種排版方式，使得「影像／照片」能夠真正達到「一圖勝過萬言」最佳視覺效果！

📝 2.2.1 突破框架，滿版大圖更吸睛

當我們在使用圖片時，最簡單的一個方式就是直接將圖片放到到最大，符合整個版面，就是以「滿版」的方式呈現。這個技巧並不困難，但是往往在上課時，發現學員不太敢將圖片放到最大，通常都是受困於「版型」的局限，有些學員很自然

CH2.2 影像魔術手
01.滿版技巧
突破框架
滿版大圖更吸睛

就會被版型本身的框架局限，其實可以放膽將整個圖片拉大至整個版面，使得照

片具有最佳的視覺效果，尤其大部分簡報的環境都是在會議室、甚至是較大的空間，如果在簡報當中使用的圖片能夠採用「滿版」的設計，這樣遠距離觀看簡報時，效果也會比較好！

從下面兩張圖片可以明顯看出滿版大圖更能夠凸顯照片所要呈現的說明重點！

📝 2.2.2 留白藝術，讓你的簡報具有呼吸感

滿版大圖的技巧，雖然很簡單、很方便，但是隱藏著一個小小的問題；當圖片充滿整個簡報畫面時，有些圖片可能會需要適度加上文字說明，許多對於色彩搭配不擅長的朋友，可能將文字加在圖片上後，會發現造成文字不夠明顯，或是色彩搭配上

不夠協調、好看。要避免這個問題，最簡單的方式就使用「留白」的技巧！

首先，在簡報的版面上，使用「滿版」的技巧，將圖片填滿整個版面，接著繪製一個長條形圖案，蓋在圖片上面，就可以簡單的形成「留白」的空間，這時

候再將想要加上的文字說明加上即可，同時因
為繪製的形狀背景顏色為白色，加上的文字基
本上使用任何顏色都不會搭配不好看，不過通
常會建議大家一樣可以使用主色或是深灰色的
文字顏色，可以讓簡報整體更具有一致性。

🖊 2.2.3 色塊魔術，讓簡報充滿變化的高手技巧

　　簡報當中除了運用
影像來幫助想要闡述的主
題之外，許多具有質感的
簡報都會使用「色塊」技
巧，色塊運用得當，將會
讓簡報版型更顯得活潑、
生動，具有變化！之前我
們提到的「留白」技巧其
實就已經有使用「色塊」
的小技巧，接著我們更進

階的可以使用「滿版」＋「色塊」的方式！相較於「留白」技巧，「色塊」的方式，
是先在簡報版面當中插入形狀，然後再填充顏色！

製作方式

1. 置入圖片，並填整至適當位置
2. 插入 - 形狀 (建議使用圓形或矩形)
3. 填充主色或是與照片色彩相似色

示範效果

談到「色塊」顏色，一樣可以按照先前談到的「**深色底淺色字**」、「**淺色底深色字**」的要領作為配色的基礎，顏色的選擇採用「主色」或是與照片中相近的顏色做搭配，一張照片中色彩變化非常豐富，只要選擇適當的色彩，就可以讓簡報版型變化豐富，不過通常為了讓簡報整體視覺效果具有一致性，會比較建議還是採用「主色」或是跟主色比較類似的相同色系，能夠讓簡報畫面清爽，讓訊息以最有效的方式呈現，快速傳達給觀眾，避免太多顏色，帶給大家太多重點訊息以外的干擾雜訊！

除了調整色塊顏色之外，另外還有一個簡單的技巧：「**透明度**」，透過調整色塊的透明度，背景圖片的豐富顏色和色塊顏色，融為一體，不僅有整體感，更具有視覺的穿透力，很快就能提升簡報的質感！

　　至於色塊的形狀，最簡單也最廣泛使用的方式，就是使用 1／3 大面積的矩形色塊大小，搭配圖片就能夠達到很好的視覺效果！一般建議色塊設定「**圓形**」或是「**矩形**」，盡量避免多邊形的形狀，尤其有些形狀較為尖銳又是多邊形時，在視覺上比較具有攻擊性，建議不用為妙。

避免使用

接著我們來看幾個簡報中常遇到的設計情況，如何透過影像、色塊搭配，使得簡報設計不再呆板而有變化，當然一樣秉持「一分鐘驚艷簡報設計」的核心，不用花費太多時間就能夠讓簡報設計脫穎而出喔！

Informed Consent

揭露 (DISCLOSURE)

能力 (CAPACITY)

自願 (VOLUNTARINESS)

這張簡報當中，是大多數人常用的簡報設計模式，標題加上條列式文字後，因為右邊版面，太過於空泛，所以便會找一張圖片，直接加在右邊，使得版面看起來不這麼空白！如此會有幾個問題，第一、圖文不符，圖片可能跟所在說明的主題、內文無關，這樣圖片不僅沒有幫助到觀眾理解主題與說明內容，反而還可能造成困惑；第二、圖片邊緣直角，在視覺感官上，容易造成尖銳、突兀，讓簡報設計視覺動線紊亂。

影像和色塊，可以互相搭配，先考慮整個簡報敘述時，圖片會不會是最重要的主軸，如果想要凸顯圖片，則建議使用滿版或是讓圖片占據較大的版面，不要只塞在一個邊緣角落，例如右頁圖示範。

示範效果

1. 可將圖片盡量最大化
2. 去掉標題色塊，單純以顏色標註
3. 中英文一起出現，或指出現一種

　　透過**影像最大化**後，很明顯的已經讓簡報的視覺效果大大的加分（當然前提是不能圖文不符），有一個小地方大家要稍微注意，圖片示範中，原先標題是使用英文，而內文則是中、英文夾雜，如果簡報是針對外國人說明，自然只要留下英文部分即可，若是要針對國內觀眾，擔心大家英文不佳的話，則建議在標題與內文都加上中文，但是要避免只在內文加上中文，兩者最好都一致，要就都不要加上中文，要加就全部加上，盡量一致，甚至若許可，不妨只放中文亦可！

　　接著讓我們在簡報中加上「色塊」的應用，使得簡報呈現上更顯豐富！

如果使用的圖片，並不一定是主軸，只是輔助時，甚至圖文不符時，建議不如直接拿掉圖片，將文字放大一點，效果甚至好一點，若真的需要放置圖片，或是想要有圖片點綴、輔助時，我們可以使用「色塊」技巧，來設計簡報！

你可以發現透過簡單的色塊組合，能夠為簡報版面創造出不同的視覺層次和感官，這邊介紹個「形狀填滿」的小技巧，在簡報中可以常運用！

在 PowerPoint 和 Keynote 軟體中，稍有不同：

PowerPoint：

1. 插入—形狀。

2. 在形狀上按右鍵，選擇「設定圖案格式」。

3. 選擇「圖案或材質填滿」，選擇想要的照片即可。

Keynote：

1. 插入—形狀。

2. 直接在照片存放的資料夾中，拖拉照片到形狀上。

3. 調整位置、大小即可完成。

　　善用「滿版」圖片搭配「色塊」運用能夠為簡報版型創造出許多不同的變化與更佳的視覺感受，大家已經對於「投影片母片／幻燈片主版」和「影像魔術手」圖片運用已經有了初步概念！

2.2.4 多合一 CC0 免費圖庫搜尋引擎，一次搞定

　　前面介紹關於影像、圖片的運用方法，相信很多人可能很快就會聯想到，是不是有什麼方便使用的影像素材，可以縮短簡報製作的時間？或是有什麼圖片，影像資源能夠有效的提升簡報質感？不然光是每次搜尋圖片、拍攝圖片，就需要花費很多時間，加上自己拍攝可能質感又不夠優質，而具有質感的圖片，往往可

能都需要花錢購買，有沒有更免費或是更簡易的方式呢？

答案是有的！

現今網路資訊發達，搜尋檢索非常便利，很多人在製作簡報時，都直接在搜尋引擎中，找尋需要使用的圖片素材，找到後便直接使用於簡報當中，雖然許多簡報可能都只是企業內部、學術範圍使用，對於圖片素材的來源可能沒有這麼講究與嚴格，但是這一類行為可能都會觸犯著作財產權，有些人

會以為搜尋到的圖片，只要有註明出處、標示來源，就沒有違反著作權，事實上，只要使用圖片，未經過著作權人（作者）同意，均屬於侵權範疇，

在此為大家整理一些免授權圖庫資源，無須特別標示圖片來源，就可以直接使用，甚至是可以直接於商業用途使用，不用再擔心侵權問題，除此之外更特別的是，這些素材資源，都具有高解析度的圖片，可以讓簡報更具有高質感的視覺效果喔！

CC0 免費圖庫搜尋引擎 網址：http://cc0.wfublog.com/

首先我們先來認識一下，什麼是「CC0」呢？ CC0 指的是「公眾領域貢獻宣告」，可使科學家、教育工作者、藝術家、其他創作者及著作權人，拋棄他們對各自著作的利益，並盡可能將這些著作釋出到公眾領域，讓其他人可以任何目的自由的以該著作為基礎，從事創作、提升或再使用等行為，而不受著作權或是資料庫相關法律的限制。

「**公眾領域貢獻宣告**」全文解釋可以參考：http://creativecommons.org.tw/cc0

CC0 簡單的說就是：宣告為 CC0 的素材，任何人都可對這些素材做以下使用：
「**商業用途、可任意修改、不必標示出處**」！

網路上其實有許多收集 CC0 授權圖片的網站，但是如果我們每次在搜尋圖片時，都要一個一個網站去翻找，也是滿耗時間的一件事情，於是乎就有人整理了部分 CC0 授權圖片的網站，讓我們可以在一個網站中，直接找到各個網站中圖片素材，省去許多時間！

而且這些網站大多有提供高畫質的圖片，不僅適合簡報之用，也適合作為各式平面設計、多媒體設計之用。不過在此要提醒大家，大部分提供 CC0 圖片素材的網站都是外國網站，所以建議在搜尋時，使用英文單字作為搜尋的關鍵字，會比較容易搜尋到你心中理想的配圖，如果真的要使用「中文」關鍵字搜尋，請選擇「Pixabay」、「Pickupimage」、「攝圖網」這三個圖庫網站為佳！

其中我個人也是比較偏愛「Pixabay」，收錄將近 87 萬張免費相片、向量圖及藝術插圖（還在持續增加當中），特別的是也提供了手機版 APP 程式。常常製作簡報的人，應該都會有一個困擾，就是每次要找圖片素材時都會需要花費很多時間，而「Pixabay」提供

的手機 Pixabay App 這時候就可以派上用場，我們可以利用平常瑣碎的時間，離開辦公室、通勤時段，不方便使用電腦時，直接透過手機瀏覽，找到我們想要的圖片，不用一定要仰賴電腦，所以如果臨時在外接獲一個任務，需要產出簡報時，就可以利用通勤往返的時間，先將初步的素材搞定，更能節省許多搜尋素材的時間！

Pixabay 網址：https://pixabay.com/

現在在網路上找到高解析度、免費授權的圖片，實在不是太困難的一件事情，但是在我擔任評審的經歷常常發現，許多簡報當中都特愛使用「西方臉孔」，我相信其實這也不是因為國人真的喜歡洋人，而是因為大部分的圖庫素材都是外國網站，很自然找到的素材都偏向西方風格，如果是外商公司或是英文簡報，使用外國臉孔的圖片素材，其實是滿貼切的，但是若是中文簡報或是簡報對象是國內觀眾，有時候使用太多外國臉孔的素材，雖然說不上突兀，但總有點「不太協調」的感覺，因此在此介紹兩個東方類型的圖庫！

Photock 網址：https://www.photock.jp

　　Photock 收錄的相片使用 CC0 授權，可用於商業用途，和國外圖庫網站稍微不一樣之處，國外網站我們可以直接用英文關鍵字搜尋，而日本圖庫要用日文搜尋，若以英文搜尋的精準度比較會有誤差，這部分可以借助 Google 翻譯來處理，此外網站當中的圖片分類其實都滿

清楚的，透過簡單的漢字其實都可以猜得一二，不用太擔心語言的問題！

PAKUTASO 網址：https://www.pakutaso.com

　　PAKUTASO 是一款日本免費圖庫素材網站，收錄的圖片都是以東方人角度拍攝，不過因為是日本網站，因此網站中人物是以日本人臉孔為主，其相片分類相當清楚，包括人物、活動、天氣、自然風景、街道建築、生活、IT、動植物、交通工具、工業、食物和桌布等等，

人物臉孔雖然是日本人，雖說和台灣、中國面孔仍舊有些微差異，但至少是東方面孔，使用上較為接近中文簡報的屬性，大家可以嘗試看看！

PAKUTASO 雖然沒有明確標示 CC0 授權，但是該網站上的圖片均可以運用於商業用途，沒有問題，詳細的使用條款有興趣者可以參考：

PAKUTASO 使用條款：https://www.pakutaso.com/userpolicy.html

雖然介紹了這麼多圖庫素材，但是我個人在圖片運用的習慣，通常會盡量避免使用有「臉孔」的照片，除非真的該張圖片真的很符合想要訴說的主題，同時又不容易找到其他更適合的圖片時，我才會使用具有「臉孔」的圖片，通常仍以「情境」、「物件」之類的圖片作為主要簡報素材

運用視覺語言：圖示（ICON），
快速提升簡報質感

📝 2.3.1 圖示資源應用篇

「比起文字、圖片更吸睛」、「圖片為主、文字為輔」這兩句名言，相信很多人可能都聽過，而比起圖片更容易讓人秒懂的符號、圖示，更是許多人使用於簡報當中的首選，符號、圖示可以稱之為「全世界的視覺語言」。不同國家、不同語言，往

往可以透過簡單的線條、符號、圖示便能夠達到溝通之效。

但圖示究竟要怎樣運用於簡報當中？絕對不是單純將圖示加入於簡報當中就能夠達到好的效果！所謂「水能載舟、亦能覆舟」，如果只是在簡報當中加入圖示或濫用圖示的話，反而有可能讓簡報視覺更為混亂，甚至混淆觀眾的視聽，對於簡報內容難以理解喔！

免費圖示在網路上資源非常多元、多樣化，我自己最推薦的還是 The Noun Project 這個網站！

推薦原因很簡單，該網站已經收錄非常非常多的圖示，足夠各行各業使用，幾乎想得到的圖示都可以在這邊找到，所以我不特別建議在多個圖示網站當中找尋資源，越多網站資源，通常只會耗費更多時間在找尋素材，更容易猶豫不決，不如在同個網站，用久了用習慣了，找尋素材的速度反而會越來越快！此外，The Noun Project 提供了 PNG 圖檔以及 SVG 向量圖檔兩種格式，方便簡報設計時運用！

The Noun Project 網　址：https://thenounproject.com

The Noun Project 使用上非常方便，進到網站之後，直接輸入英文關鍵字，就可以搜尋你想要的圖示，如下圖：

網站會根據你想要的圖示，列出所有相關的圖示，只要選擇喜歡的圖示點選即可下載！

圖示篇-下載

STEP02-選擇圖示

1. 網站會根據搜尋之關鍵字，列出相關圖示
2. 點選想要之圖示

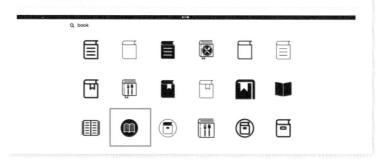

圖示篇-下載

STEP03-下載圖示

1. 下載時
2. 點選 Download 即可下載 PNG or SVG 格式圖示

　　在下載畫面當中，我們還可以看到「作者」、「標籤」、「版權聲明」等資訊連結：

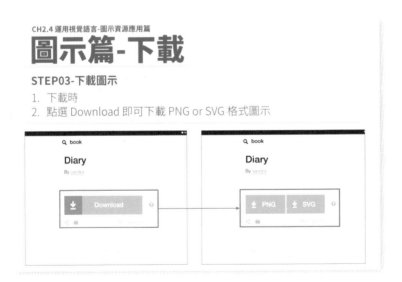

The Noun Project 提供的圖片下載格式有 SVG 向量格式或是 PNG 點陣圖檔兩種，PNG 圖檔使用上比較方便，直接下載圖片後就可以使用，但是預設的圖示都是黑色，若需要使用不同色彩，則需要透過影像處理軟體修改才行！這部分稍後會繼續跟大家分享！

選擇想要的圖示下載格式後，會出現 Royalty Free 和 Creative Commons 下載選項：

圖示篇-下載

STEP04-選擇授權方式

1. 下載時可選擇 Royalty Free (付費，可免註明版權)
2. 下載時可選擇 Creative Commons (免費，須附上版權聲明)

簡單的說，就是你想要選擇付費的方式—— Royalty Free（付費方案）和 Creative Commons（免費方案），聽到付費不用太擔心，其實 The Noun Project 中的圖示大多以 Public Domain 或 CC-BY 3.0 的授權方式提供，這兩個授權分別代表：

Public Domain：任意使用，不需標注作者，沒有任何限制。

CC-BY 3.0：只要在使用時標注原作者就可以任意使用（包含改作、商業利用等等）。

基本上，所有圖示下載使用都是免費而且可以應用在商業用途，只是差別需不需要標示作者與出處，雖然 The Noun Project 上有 Public Domain 的授權方式，下載圖示可以任意使用、不需要標注作者、沒有任何限制，但是網站上比較多見的授權方式，還是以 CC-BY 3.0 居多，可以直接免費使用，但請記得在下載使用時，要標示出處與原作者！

如果對於標示作者與出處，覺得困擾，The Noun Project 也提供了進階版的付費帳號，一旦我們將帳號升級，所取得的圖示就不再需要標注作者！這時候就需要選擇 Royalty Free 方案，選擇後會直接進入付費方式！

其實如果單純是簡報使用的話，直接選擇 Creative Commons 就可以，像我自己通常會在簡報最後一頁，將我所有有使用過的圖示，特別列一頁，說明圖示出

處與標示作者，這樣既不會讓版權聲明干擾簡報版面的設計，又能夠達到尊重作者與著作權！當然你如果是大量常使用到圖示的設計師，更建議直接使用付費方案，The Noun Project 付費有年費、月費，以及單張圖示授權，單張圖片授權換算新台幣約 60 元（美金 $1.99），月費則是新台幣三百多（美金 $9.99），真的是超值又划算！

接著跟大家分享，當我們下載照片之後，要怎麼開始使用呢？

通常在 The Noun Project 下載的 PNG 圖片檔案格式，預設都是黑色，如果需要使用其他顏色時，就需要用到影像處理軟體來修改顏色，但是並非許多人都知道如何使用影像處理軟體，所以可以怎麼做呢？

其實 PowerPoint 內建就有非常方便的使用方式：

首先將圖示加入簡報當中，點選圖示，按一下〔**圖片工具**〕＞〔**格式**〕＞〔**色彩**〕，點選所需顏色即可，就可以直接改變圖示顏色，不需要額外的影像處理軟體！

此外，簡報中常見將圖示反白，搭配色塊做運用，可以讓視覺效果更棒，但是在預設的色彩格式當中，無法找到白色，即便透過〔格式〕＞〔色彩〕中的〔其他變化〕，選擇「白色」，依舊無法達到反白效果，反而沒有任何反應，這時候就需要使用到「美術效果」來協助達到！

1. 點選圖示，按一下右鍵，選擇〔設定圖片格式〕。

2. 找到〔圖片校正〕，將〔亮度〕選項，設定成「零」，就能夠將圖示變成白色！

　　前面操作步驟過程中，有些人可能會發現，在〔其他變化〕中，只要我們不是選擇預設的色彩，選擇其他顏色，圖示都不會有顏色改變，仍舊都只會呈現黑色，如果你想要將圖示隨意改變成喜歡的顏色，一樣需要使用到「拓印」效果！

1. 點選圖示，按一下〔圖片工具〕＞〔格式〕＞〔美術格式〕，選〔拓印〕效果。

2. 再回到〔格式〕＞〔色彩〕＞〔其他變化〕，選擇色彩即可。

STEP03-進階色彩設定

1. 點選圖示，按一下 [圖片工具] > [格式] > [美術格式]，選 [拓印] 效果
2. 再回到 [格式] > [色彩] > [其他變化]，選擇色彩即可

這個方式雖然不用透過其他影像處理軟體，但是還是會有個小缺點，除了原來預設的「基本顏色」外，透過拓印效果，所選擇的顏色會有一些亮度、對比、透明度等誤差，導致顯示的顏色和所選的顏色有點誤差，所以我會建議使用另一個方式來修改圖示的顏色！

首先我們可以在 The Noun Project 下載圖片時，選擇 SVG 向量圖片格式，SVG 圖片格式有一個好處，透過編輯器，無論怎樣縮小、放大，圖片都不會失真（模糊）！但是現在無論是 PowerPoint 或是 Keynote 簡報軟體，都不支援 SVG 圖片格式的檔案，所以下載後，需要透過 Adobe Illustrator 這一類影像處理軟體編修，並轉存成 PNG 圖片格式，才能夠將修改後的圖示檔案直接加到簡報當中！但是大部分人都沒有這類專業軟體，因此在這邊介紹大家一個 SVG 線上編輯網站，不用下載任何的軟體程式，也不用安裝任何軟題，只要透過網頁瀏覽器，連結到 Method Draw 網站即可！

CH2.4 運用視覺語言-圖示資源應用篇

圖示篇-色彩

STEP04—SVG編輯器

1. SVG 圖檔：向量圖檔，不失真，但無法直接匯入簡報軟體使用
2. PNG 圖檔：點陣圖檔，放大會失真，但可匯入簡報軟體使用

 轉換檔案 ⟶

1. 具透明度
2. 可直接匯入簡報軟體

Method Draw 線上 SVG 編輯器
http://editor.method.ac

Method Draw 線上 SVG 編輯器：http://editor.method.ac

1. 進入 Method Draw 網站。

2. 點選〔File〕>〔OpenSVG…〕，選擇以下載的圖示檔案。

CH2.4 運用視覺語言-圖示資源應用篇

圖示篇-色彩

STEP04.1—SVG編輯器

1. 進入 **Method Draw** 網站
2. 點選 [File] > [Open SVG…]，選擇以下載的圖示檔案

3. 在畫面右側可以找到〔Canvas〕面板。

4. 將畫布尺寸改為 1024×1024。

5. 先全選 ICON，點選〔Object〕>〔GroupElements〕，將 ICON 群組匯入。

6. 再將 ICON 放大至畫布大小，並且置中（右邊 Align 面板）。

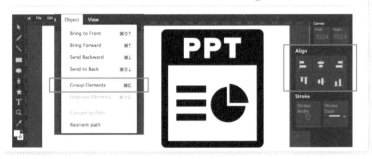

7. 點選圖示後，再點左下角的〔色彩選擇器〕，會跳出色彩面板。

8. 選擇想要的色彩，即可改變圖示顏色。

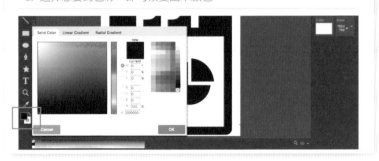

9. 點選〔File〕>〔Export as PNG〕，就可將圖示匯出成 PNG 圖檔。

10. 這時就可以直接將圖片置入簡報當中應用。

前文提到要將 SVG 圖檔轉換為 PNG 圖檔，但因為 PNG 圖檔放大容易模糊，因此我們在編輯 SVG 檔案時，比較建議將畫布的尺寸拉大，這樣匯出的圖片檔案就比較大張，不怕失真模糊的問題（因為 PNG、JPG 這一類點陣圖檔，如果原先圖檔尺寸較小，在我們放大圖片後，就容易失真、模糊。），但是若我們將大張的 PNG、JPG 圖檔縮小時，就不需要擔心失真、模糊的問題，因此建議在一開始畫布設定尺寸，設定在 1024×1024 以上。現在大多部分簡報仍舊是採用 4×3 的比例，4×3 比例的簡報尺寸為 1024×768，而有些簡報可能使用 16×9，尺寸為 1920×1080；不管哪種尺寸，使用圖時，一般不太會需要用到 1024×1024，所以我們取一個最大值，雖然不一定會用到這麼大張的圖，但是至少進可攻、退可守，圖檔夠大，產出的 PNG 圖檔也夠大；需要小的圖時，將大張圖縮小即可，不需要擔心圖失真的問題！

另外建議使用 Method Draw 線上 SVG 編輯器時，將畫布設定為 1024×1024，還有另一個重要的原因；一般來說圖示的設計，大都設定為正方形框架，在匯入圖示在編修、縮放時，比較不容易遇到長度超過畫布，或是比例不勻稱等問題！

圖示篇-色彩

STEP04.5—SVG編輯器

9. 點選 [File] > [Export as PNG]，就可將圖示匯出成 PNG 圖檔
10.這時就可以直接將圖片置入簡報當中應用

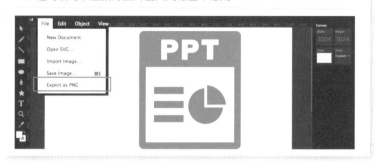

📝 2.3.2 圖示運用常見三大錯誤

我在簡報課程中都會分享圖示下載的免費資源，許多學生如獲至寶，大量使用圖示應用於簡報當中，然而開始使用之後就發現幾個問題，怎麼在圖示網站當中看都很好看，為何下載回來放在簡報後，就覺得非常的奇怪？好像怎麼搭配都很奇怪，不如預期，於是乎就產生更大挫折感。事實上，只要掌握幾個原則，就能夠輕鬆駕馭圖示！

第一、一致性

右圖當中，可以看到簡報圖示的運用，雖然有使用圖示，但是這張簡報看起來卻似乎不太美觀！

造成這個現象的主要原因，還是在於前面我們一直強調的「一致性」。簡報當中可以看到每個圖示的大小比例，沒有一致性，圓角矩形的大小亦有差異，因此會造成畫面不夠協調。

因此我們第一個步驟可以先調整顏色以及大小，同時原先圖示顏色是黑色，邊框則為白色，一樣改為統一的黑色！這樣一來簡報視覺上就較具有一致性！

第二、風格性

雖然改造後的簡報，稍微比先前的簡報好一點點，但是還是看起來怪怪的，最重要的原因就在於圖示風格的問題，此問題也是絕大多數人最常得踩中的誤區！

The Noun Project 網站中有非常多的圖示供大家下載，眾多的圖示與作者，就容易造就圖示的設計風格有所不同，光是右圖中列出的四個圖示，就有很明顯的圖示風格不同！

通常我們在下載圖示時，幾乎都是找到合適或類似的就直接下載做使用，但是往往沒有注意到圖示風格的問題。以圖示的風格來說，最簡單的區分就有邊線是屬於手繪、直線、圓角，細分設計風格則又更多，風格是最容易造就簡報不具有一致性的根本原因。

以下頁兩張簡報來說，乍看之下似乎都很類似：

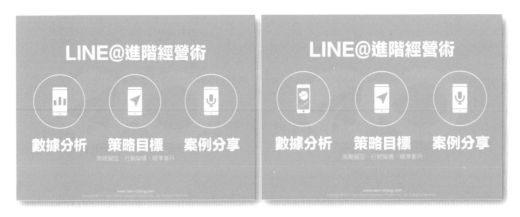

　　但是細看會發現，右側簡報中的圖示，其中一個風格和其他圖示不同，感受就會有點突兀，而如左側三個圖示風格都一樣，擺放在一起時，整個簡報視覺就會非常好看！有人或許會想，這個多圖示，如果要一個一個去挑選圖示的風格，那不就要耗費很多時間？其實不用太擔心，我們可以透過兩種方式找到風格類似的圖示：

　　先前有提到，在下載圖示時，在頁面就會有註明「作者」資訊，點選「作者」連結後，在「Collections」中就可以看到作者所有曾經設計過的圖示，選擇同一個作者的作品不僅風格會較為類近，同時也可以找到同樣主題的相關圖示。

此外當我們在下載圖示時，也可以看到在「Download」按鈕的右下方，有小小的一排文字「More like this」（更多類似的），點選後，就會將同樣類似的圖示列出來，就可以很方便挑選！

例如下圖中，因為我要製作有關行動行銷的簡報，透過「作者」中的「Collections」收集分類，就可以不費吹灰之力，一次找到其他適用的手機圖示，減省許多搜尋圖示的時間，增加簡報的製作效率！

因此根據風格原則，將先前的簡報當中類似籃球的圖示換掉，因為另外兩個圖示的風格，都是採用填滿形狀的設計風格，只有籃球的圖示是以線條的方式呈現。如此一來簡報的視覺呈現就更符合一致性，也更美觀囉！

第三、易讀性

所謂易讀性，是指圖示形狀是否容易被理解其所要表達的含意！以剛剛例子而言，當我們看到三個圖示由右邊開始：第一個可能比較容易被理解為「籃球」；第二個中間的圖示，可以理解為「飲食」之類；而第三個最左邊的圖示，可能就難倒很多人，我第一眼看到時，感覺比較像「章魚」，有的人則說是「燈籠」，而最後作者公布：「水瓶座」！因為這張簡報主要的目的是自我介紹，他想要表達的是：「我是水瓶座，興趣是美食和打籃球。」

天啊，我認為是章魚的圖示，竟然是水瓶座！這時候圖示不僅沒有幫上忙，而是幫了倒忙，圖示的目的是希望能夠幫助觀眾理解所要表達的內容，相對於文字，人類對於圖示是較容易理解的，所以在簡報當中運用適當的圖示，必須有助於說明、理解，但是若放置了一個較難理解的圖示內容，反而會造成簡報過程中，讓觀眾困惑難以理解，而卡住，反而需要更多時間解讀，如此一來就容易分散觀眾的注意力，使得簡報的效果大打折扣。

因此我們在選擇簡報圖示時，盡可能採取通用、約定成俗的圖示，便於觀眾理解，而非要特別去找一些特殊的圖示設計！以此例來說，星座本來就有特定的符號，這也是大多數人比較容易聯想與理解的，所以可以先朝這個方向著手；第二個關於美食亦然，原先使用的圖示，因為人是坐著，手裡又好像拿著爆米花的感覺，則容易被聯想為看電影之類。所以我們重新挑選過圖示後，簡報則可以改為：

在這張簡報當中，可以看到三個圖示，我刻意挑選圓形、黑色背景，讓風格更為統一，而原先水瓶座的圖示改為星座符號、美食則改為一般餐廳常見的刀叉的圖示，使得觀眾較容易聯想圖示本身所要傳達的含意！

2.4　簡報最後一里路：字型，有效吸睛的力量

談到簡報色彩、影像、圖示後，我常說簡報最後一里路，就在於字型！試想一種情況，我們已經將簡報顏色配置好，使用滿版大圖也加上適當的圖示後，但是字型卻選擇錯誤，選擇了新細明體或標楷體後，那麼整體簡報視覺就會毀於一旦！

字型在設計當中，是一門很高深的學問，不過在本書中，想要跟大家討論的，仍是一般大眾最容易上手，也不失設計感，依舊能夠讓人驚艷的方法。

📝 2.4.1 字型的原罪？

常聽到許多人都說標楷體、新細明體很醜，簡報不適合使用！

其實這句話只對了一半，標楷體、新細明體其實並不會不好看，而是使用情境的問題！常有機會到一些公家機關授課，許多學員都會提到主管要求簡報要使用標楷體、新細明體，就會開始抱怨！

主管為何會這樣要求呢？主要是因為大部分公家機關的文件都是使用標楷體或新細明體，當我們在一般企畫書或是文件使用標楷體、新細明體，並不會感受到太多的「不好看」，因為標楷體、新細明體原先的設計就是針對「內文」使用的情境做設計，在一般文件中，文字大小不需要太大時，反而用標楷體、新細明體更容易讓文字清晰、容易閱讀！

所以字型的使用，要看字型使用的「情境」，而非單看選用的字型好看與否！

同理，簡報許多人都會建議使用黑體，但是我們如果將較粗的黑體字型，用在企畫書上，相信印出來的企畫書，很容易不小心就弄得密密麻麻、慘不忍睹！

📝 2.4.2 簡易原則、一體適用

雖然字型學問很深奧，但是有沒有什麼簡易原則，可以一體適用呢？要說一體適用，其實真的滿難的，不過倒還真有一個字型，是我最推薦的：**思源黑體**！不管是 Windows 或是 macOS 系統都可以安裝使用喔！

思源黑體，是由 Adobe 與 Google 合作開發的免費開放原始碼字型，沒有版權限制，可以任意使用，思源黑體採用無襯線黑體字改良設計，具有現代感、易於閱讀，相當適合現代的簡報、排版設計使用，更特別的是思源黑體在一開始設計時，就規畫此系列字型必須涵蓋全球各種語言，且支援當地字符變體，因此思源黑體在中文、英文均一律適用，不過像過往我們使用標楷體、新細明體時，只適合中文，換到英文字型就慘不忍睹，同樣的也不會有英文使用 Arial 或 Times NewRoman，中文就不適用的問題！

思源黑體原名：Source Han Sans，可以透過 Adobe Typekit 就可以免費下載，另外 Google 也將思源黑體取名為 Noto Sans CJK 釋出，但字型本身（包括西文、數字）和 Adobe 的版本完全一樣，僅是名字不一樣而已。

思源黑體目前提供下列粗細字型：Extra Light、Light、Normal、Regular、Medium、Bold 和 Heavy 以及各地語言字型！

如果本身就有使用 Adobe 系列軟體，則建議可以透過 Adobe Typekit 下載字型，因為它可供桌上型電腦與任何等級的 Typekit 計畫（包括免費版）同步整合搭配運用，較為方便。

思源黑體介紹：https://blog.typekit.com/alternate/source-han-sans-cht/

Adobe Typekit 下載：https://typekit.com/lists/source-han-sans

不過如果只是單純簡報、文件要使用的話，則建議可以直接透過Google下載，不用另外申請 Adobe 帳號，即可以免費下載使用！

在此我們以 Google 下載思源黑體方式作為介紹：

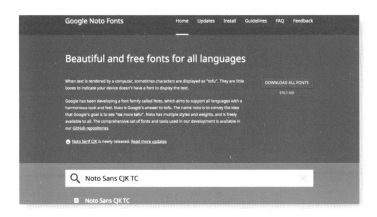

Google Noto Fonts：https://www.google.com/get/noto/

進入網頁頁面後，千萬別看到「DOWNLOAD ALL FONTS」，很高興就全部下載啊！雖然思源黑體是完全免費授權與下載，但是它包含了許多語言以及各式不同的變形應用字型，我們一般使用情境中，不會需要全部都下載使用，所以進入之後，在搜尋字型的部分，可以先搜尋「Noto Sans CJK TC」就好！Noto Sans CJK 是 Google 為思源黑體的英文命名，TC 則代表 Traditional Chinese（繁體中文、正體中文）的意思！

此外思源黑體也有提供簡體中文、日文、韓文，名稱分別是 Noto Sans CJK SC, Noto Sans CJK JP, Noto Sans CJK KR，若有需要亦可在 Google Noto Fonts 網頁當中下載！

安裝後，請特別注意，在電腦軟體（Powerpoint or Keynote）當中，在找尋字型時，不是找「思源黑體」喔，是要找「Noto Sans CJK TC」，才會找到喔！

📝 2.4.3 通用法則：系統字型的選擇

雖然我們前面已經介紹過 Windows、macOS 都適用的思源黑體，但是有些人會擔心在不同場合簡報時，可能不能攜帶自己的電腦，一旦換到別台電腦，沒有安裝思源黑體怎麼辦呢？首先，我會比較建議，將思源黑體的字型檔案，複製到隨身碟，攜帶到現場，可以直接安裝。當然這還是比較好的情況，但是有些時候，主辦單位的電腦可能有復原系統，或是為了資安問題，無法直接安裝字型檔案，這時候該怎麼辦呢？

Windows：

如果是 Windows 作業系統：我會比較建議字型可以設定為「微軟正黑體」！

微軟正黑體是微軟公司的一款全面支援 ClearType 技術的 TrueType 無襯線（Sans-Serif）字型，同時也符合中華民國教育部的國字標準字體的標準。預載於繁體中文版 Windows Vista 及 Office 2007 的版本當中，因此只要主辦單位的電腦作業系統是 Windows Vista 之後的版本或是電腦當中有安裝 Office 2007 之後的版本，就一定會有微軟正黑體，這樣一來就可以不用擔心字型的問題。

不過事實上在 Office 2016 or Office 365 的版本當中，微軟還提供了「微軟雅黑體」，視覺效果又比「微軟正黑體」更適用於簡報、更美觀！如果電腦中的版本是 Office 2016 or Office 365 之後的版本，可以仔細找一下字型選單當中會有一個英文名稱「Microsoft YaHei」就是「微軟雅黑體」。

macOS：

如果是使用 macOS 作業系統，在 macOS X 10.8 Mountain Lion 之後的版本當中，都有預設「蘭亭黑」的字型，非常美觀，直接就可以使用，不需要另外下載任何字型。如果 macOS 預設語言是英文，則可以仔細找一下字型中名稱為「Lantinghei TC」，就是「蘭亭黑—繁」，通常 macOS 中都會附上「蘭亭黑—繁」和「蘭亭黑—簡」，在繁簡轉換上也非常方便喔！

此外「蘭亭黑—繁」字型分別有「特黑」、「中黑」、「纖黑」字體粗細的差別，

通常會建議「特黑」運用在簡報的標題、「中黑」可以運用在副標題或是內文的重點標示，而「纖黑」則適合使用於內文當中，三種不同的粗細層次，正好搭配簡報標題、內文層次變化，非常實用、方便！

　　當然字型的學問不僅僅只是我們上述談到的部分，不過「思源黑體」、「微軟正黑體」、「微軟雅黑體」和「蘭亭序」等字型的運用，已經可以應付絕大多數的簡報場合，不一定非得在簡報當中塞入很多字型，或是使用很特殊的字型等等。千萬別忽略字型，它影響的不僅僅只是要好看而已，更重要的是要讓觀眾容易閱讀、並且具有容易辨識效果，才能真正對於簡報有幫助喔！

2.5 萬變不離其宗，四大設計原則，一次學會

談完「顏色」、「影像」、「圖示」、「字型」，有些基礎概念後，再著手製作簡報，相信都會有一定的程度，但是距離「驚艷簡報設計」還有一小段距離，因為一般人沒有學過設計學、設計概念，所以製作簡報時，最常見的作法就是挑了一個版型，開始往版型裡，塞許多內容，缺乏相關的設計概念基礎，自然很難會注意到簡報設計上的問題、缺漏。接下來在此向大家介紹四大設計原則，讓大家更容易有個準則，檢視簡報設計當中的問題點！

大部分優秀的設計作品，都是從這四個法則延伸、變化、創作，相信大家知道四大設計原則後，無形中就會開始注意到簡報設計上的問題，就如同許多人在寫簡報時，都會有口頭禪、贅詞的情況，我常跟講師分享：「這不需要特別去糾正。」只要先從「察覺」這件事情開始，察覺自己有這樣的問題時，只要有意識到或提醒自己，潛移默化中就會慢慢調整，不用刻意矯正。同樣的，這個章節中介紹的**四大設計原則：「對齊、對比、分類、重複」**，並不是要大家一次全部學會，並且一次全部應用到簡報當中，只要從現在開始，保持關注這四大設計原則，未來運用在簡報設計，自然就會慢慢注意與調整，不用擔心一次要學太多、或是學不會的問題喔！

2.5.1 對齊

對齊，是所有設計原則當中最重要的第一步驟！在簡報當中所有的元素都應該對齊，對齊能夠幫助串連簡報當中每一個元素的關聯性，增加可閱讀性，讓設計更能夠保持清晰、精巧！

大家最熟悉、常見的對齊方式，水平的有「置左、置右、置中」，垂直的則有「頂端、中間、底端」。不論是何種對齊方式，最需要記得的就是同一張投影片當中（甚至同一份簡報），最好只使用一種對齊方式，也就是不要投一張投影片中，有些元素用置中、有些元素又用置左！

2.5.2 對比

簡報當中如果我們只是一味的使用對齊的技巧，雖然整體具有一致性，但是看久了容易顯得單調、沒有變化。對比的好處，就是可以避免頁面上有太多相似的元素，將重要的元素凸顯、區分出來！

人的眼睛其實很容易優先關注不和諧、不同的東西，跟「鶴立雞群」的意思類似，當我們在一些元素加上「字體、顏色、大小、線寬、形狀、空間」等變化時，使其與原來的元素具有區隔，就是「對比」。對比能夠讓訊息更準確傳達、內容更容易記住、內容更迅速找到；在簡報當中可以有效將所要闡述的重點凸顯出來，讓觀眾更快注意到、更方便理解！

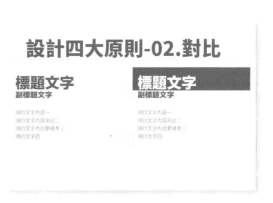

不過在簡報中，有一個常見的「對比」技巧錯誤的應用，尤其簡報內文文字較多時，許多人喜歡直接將文字加大、改顏色，雖然改變字體大小、顏色，都是

屬於「對比」技巧的一環，但是卻容易違反「對齊」，我們先來看看下圖：

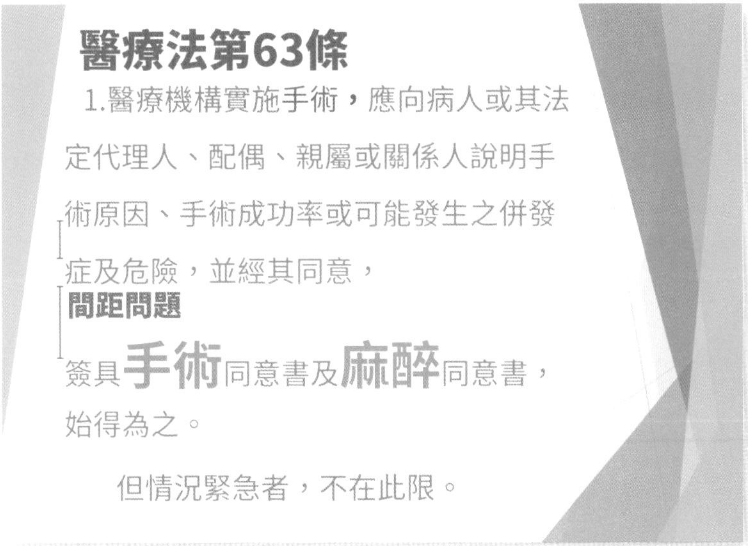

當我們直接將文字加大時，會將行距拉大，造成視覺上顯得突兀，雖然改變字體大小與顏色，非常方便，看似可以凸顯出重點，其實只會讓視覺動線更紊亂。提供大家一個簡易的方式，就能夠將文字對比效果做出來——直接運用色塊，墊在文字下方，然後將文字顏色改為白色，這樣一來就能夠讓文字從內文當中脫穎而出。如果你想要讓對比效果明顯，不要害怕，甚至可以像左頁的範例二，直接拉出一個大的色塊區，直接將要說明的文字放大、反白，都能夠達到重點凸顯的效果喔！

2.5.3 分類

「分類」設計原則，指的是將彼此相關的元素歸組擺放在一起。尤其多個元素之間存在相依性，性質較為相同時，就可以歸納再一起，成為一組「視覺單元」，若我們在簡報設計上，能夠將「視覺單元」區隔清楚，則可以有效將訊息組織化，減少視覺混亂，為觀眾提供一個清楚的架構，便於理解！

一般來說我們在簡報設計時，只要將「**分類**」＋「**對比**」兩個設計原則，應用在一起，則能夠創造出不錯的視覺效果，像是下圖範例，原先行政法規條文全都是文字，不僅閱讀上不易，觀眾也不容易理解，若是我們理解內容後發現，主要有兩大分類「行政法總論」和「行政法各論」，這時候我們就能夠運用在「分類」，並善用「**對比**」、「**色塊**」的技巧，將這兩大分類區隔成不同的「視覺單元」，幫助大家在最快的時間理解初步的法規架構！

🖉 2.5.4 重複

　　「重複」設計原則最重要的目的就是**「一致性」**，讓簡報設計中的視覺元素在整個設計中重複出現，使得整體設計，無論文字字體、大小、顏色等都要維持「一致性」，達到最佳的視覺效果。其實這在之前提到，為何在簡報一開始須先將「投影片母片／幻燈片主版」準備好，就是一開始就先做好「重複」的設計原則！

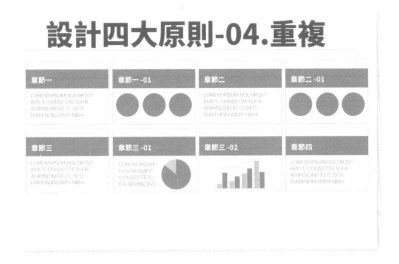

　　當然「重複」設計原則，不是只是複製貼上，重複一樣的版面設計而已，而是在簡報設計中不斷運用相同的結構、元素，重複組合、排列，形成「一致性」，所以可以是**顏色上的重複**，也可以是**頁面排版上重複**，甚至是拆解每一個標題、子標題、圖表、樣式元素，作為重複組合，都是屬於「重複」的設計原則範疇！

　　萬變不離其宗，只要掌握住設計四大原則「對齊、對比、分類、重複」，再加以混搭、組合，自然就可以創造出「驚艷簡報設計」！

chapter 3

LOGIC
簡報邏輯篇

只要一招「畫重點」提案走遍天下

前面章節當中，我們研究了許多有關於排版、美化的技術，接下來要跟大家聊聊的是：「視覺傳達」！因為簡報並非只是好看而已，更重要的是在於「視覺傳達」；如何透過設計原則，將簡報重點呈現，使大家更容易理解與閱讀。我常在演講的場合分享：「有時候不是講者的口才不好，而是簡報設計錯誤，使大家的注意力分散！」好的簡報設計不僅僅是設計好看，更要能夠有效的將簡報重點、資訊，傳遞讓觀眾了解，才是真的好的簡報設計！

有些人會誤以為，簡報設計並不重要，重要的是「內容」。其實這不盡然全對；內容非常重要，這是絕對的，但是如何透過良好的設計，引導大家的注意力，也是非常重要的一環。舉個最簡單的例子，雖然有好的邏輯結構、有好的內容，但是如果顏色搭配不當，就容易造成閱讀不易，甚至視覺設計無法凸顯內容特色，我們在第一章節有提到過：「第一印象」的重要性，視覺美觀在第一時間就可以讓印象分數提升不少，在講者還沒有開口就已經留下好印象，剩下的內容報告就相對簡單，如果第一時間，簡報本身或是講者帶給人們的印象不好，那自然後面的演講就相對吃力囉！

那麼簡報內容如何呈現與設計，才是好的傳達方式呢？先舉一個常見的例子：許多簡報教學都會告訴我們，每頁簡報當中最好只有一個重點，最多「三個」條列式的項目，並且不斷強調「三」這個數字的「魔力」和「重要性」，例如**每頁簡報，不要超過三個條列式、三個重點，儘量以三項為原則**等等。這樣的原則、規範，乍聽之下好像很有道理，許多的簡報當中也常見這樣的運用，但是問題來囉！以下圖為例：

原先簡報完全都是密密麻麻的文字，相信很多人第一時間看到這張簡報時，就已經昏頭轉向，加上講者如果只是一味的講述，將內容唸完，那整個演講場合真的就像是「人間煉獄」！好一點的簡報，可能會遵循「三」點原則的概念，將簡報改成如右側下圖：

雖然這張簡報當中，條列項目只有三點，但是真的就容易讓觀眾理解了嗎？

透過這個例子，大家應該不難理解，真正好的簡報，不僅僅只是「刪減內容」符合「三」的條件規範而已，真正需要思考的問題有許多要素，例如觀眾想聽的是什

麼？講者真正想要表達的重點是？以及簡報的目的為何？思考了這些問題後，還需要注意簡報設計的四大原則，才能真正設計出對於觀眾有幫助、又能達到簡報者目的的簡報。

聽起來要完成一份簡報，需要注意的問題非常的多元以及複雜，在此就過往提案經驗中，整理出「簡報邏輯」三技法，讓大家有個簡單的步驟、公式可以依循，能夠更快速的掌握設計簡報的要領！不過在開始「簡報邏輯」三技法介紹前，有一個簡報的基本功「畫重點」一定要先練習！

什麼是簡報基本功「畫重點」呢？相信大家在小學、中學上課時，老師都會教我們在課文當中「畫重點」，大家試想一個情況，如果我們將整段課文都畫紅線，那代表什麼呢？在求學過程中，我見過許多認真的同學，不僅僅只是在課本

當中畫上紅線，還會根據每次考卷出過的題目、重點，使用不同的螢光筆作記號。每次看到他們的課本時，我都非常的「驚艷」，感覺超級認真，不過會有個問題，當經歷過越來越多的考試，課本當中也就密布著各式各樣的重點，反而不容易在課本中快速的找到重點。這種情況，就有點像是許多人在簡報當中，放置許多的文字，並標示不同的顏色、重點，更常見的情況會出現在各式各樣的圖表簡報當中，標示著各式各樣的重點、顏色，不容易捉住重點。但是如同求學經驗中，我們會認為課文當中畫許多重點的學生，是非常認真、用功，在職場裡，同樣有許多的主管甚至會以簡報當中的圖表是否有設計許多重點、顏色標示，以簡報設計的越複雜、越特別，作為衡量工作是否認真與用心的評判依據。

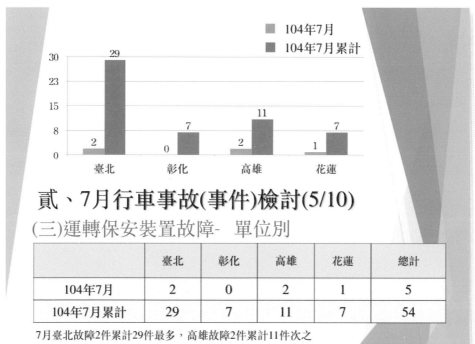

貳、7月行車事故(事件)檢討(5/10)

(三)運轉保安裝置故障- 單位別

	臺北	彰化	高雄	花蓮	總計
104年7月	2	0	2	1	5
104年7月累計	29	7	11	7	54

7月臺北故障2件累計29件最多，高雄故障2件累計11件次之

例如上圖這張簡報當中，有長條圖、表格數據，還充滿各式各樣的色彩標示，如果每個單獨閱讀感覺上都還不錯，但是當我們將所有內容、重點都放在同一張簡報當中時，就完全不是這麼一回事囉！就如同我們將課文中的每個段落都用紅

筆畫上重點，就等於整段課文都沒有重點一樣！因此在簡報設計要有重點，我們可以先像小學、中學學中文時，先練習「畫重點」，將整段文字當中，最重要的關鍵點，標注出來！

以前述的簡報為例，首先我們先將大部分文字，區分為較小的段落，再從本文當中挑出幾項重點陳述，畫上重點。

一開始許多人常常會遇到一種情況，看著整篇文章，覺得什麼都很重要，什麼都需要講時，刪掉任何一項都

科學技術基本法與科研採購

科研採購：依據科學技術基本法**排除**政府採購法之適用

中央科技主管機關依科技基本法授權訂定科學技術研究發展採購**監督管理**辦法

監督辦法沒有科研採購程序規定，而由各辦理單位**自行訂定**

覺得可惜，這時候究竟什麼該刪除、什麼不該刪除呢？或者究竟要分幾段或是重點是哪些呢？猶豫不決、拿捏不定！這時候建議大家可以依循一個小原則：「**話重點**」！

「話」重點，指的是當講者在簡報時，想要在這張簡報上，想要說明的重點為何？根據講者想「說」的重點而「畫」重點，將段落區分出來！而這些重點標注清楚後，就會成為簡報設計重要的依循指標！前面所提到的範例：「科研採購：依據科學技術基本法排除政府採購法之適用」，這段文字在簡報時，講者若想要強調，科研採購法，是「排除」在政府採購法之外，不適用政府採購法，那麼在簡報設計中，我們就可以運用圖示，將「排除」的意涵特別強調出來，如下頁圖：

科學技術基本法與科研採購

政府採購　監督辦法　自行訂定

這麼一來，透過「話重點」後，就能夠釐清想要「畫重點」的關鍵字、關鍵核心，作為簡報設計的依據！學會「畫重點」後，可以有效將本來長篇的資料，快速轉換為重點關鍵字，幫助大家釐清所要陳述的重點！

我常說簡報的天敵就是「企畫書」，在過往許多評審的經驗，發現許多創新、創業團隊的簡報，就是直接將企畫書的內容複製、貼上；許多公家機關、職場應用的簡報，也常常都是因為上級主管交代需要簡報；有時候沒有太多時間製作簡報，因此找到資料，就直接複製、貼上，雖然簡報是完成了，但是，是不是真的達到簡報的目的呢？聽的人會因為你的簡報，更增進對內容的認識嗎？

所以請記得在簡報過程當中，若是有太多文字資訊時，請先「畫重點」。但很多人擔心做簡報的時間有限，有時候主管都是臨時交代，能夠找到相關資料、複製、貼上就已經很了不起囉，怎麼還有時間「畫重點」？但是別忘記，主管交代的簡報，做完了就沒有事情了嗎？你會不會需要報告給主管聽呢？如果需要，你會發現你如果只有複製、貼上，那你可能沒時間消化內容，上台時就只能對著簡報內容逐字唸稿，這樣的效果一定很差！

同樣，看過許多創新、創業團隊簡報，常發現許多人都會在現場拿個小紙條狂背等等要上台所要說明的內容，一上台一緊張就全都忘記！若你在簡報製作的過程當中一邊「畫重點」，就已經在腦袋當中同步整理、消化，整個簡報製作完成，對於要說明的內容大綱、架構就會有一定程度的瞭解，上台自然不用背太多稿子，而簡報呈現上，也能夠幫助觀眾更容易掌握重點！

簡報邏輯三招，滿足觀眾需求為上！

懂得「畫重點」的基本功後，接著我們來聊聊「簡報邏輯」！以前面提到「科研採購」為例，雖然我們將大量的文字減少，只留下重點，降低文字資訊量，可以有效幫助大家聚焦，但是不是真的有辦法幫助大家「理解」呢？以「科研採購：依據科學技術基本法排除政府採購法之適用」這句話來說，雖然我們已經簡化，將重點標示，但是這句話對於目標群眾的意義在哪邊呢？

這份簡報是某公家機關的「科研採購作業說明會」，目的是幫助同仁了解科研採購的特性以及辦理作業程序，整份簡報從科研採購法開始，每張投影片都只有一個重點，而這個重點就是「條文內容」！雖然有符合簡報常見的「一頁一重點」，但是這樣的「重點」也未免太重了，重到可以直接打昏所有人，況且這樣的條文，就占了整份簡報的一半，這時候就算再怎麼「畫重點」，作用應該都很有限，就像小學國文老師，如果都沒有解釋課文，沒有引導教學、作者背景介紹等，就直接告訴學生，這段畫起來，考試要考，各位覺得學習效果如何呢？

這時候我們可能就要從為何要做這份簡報，簡報的目的為何？以及大家需求為何？這兩個方向著手，例如右圖：

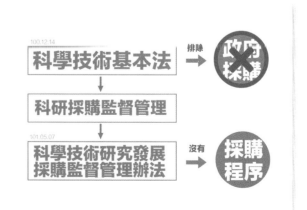

先簡單的說明「科學技術基本法」的沿革以及背景，然後解釋，為何科學技術基

本法需要排除再「政府採購法」之外？先讓大家對於今天整個簡報有一個大概的脈絡，再逐一說明條文，簡報的效果就會好一些！

再舉一個小例子，有次我應邀出席一個論壇，與會當中我要分享的是化妝品網路行銷的操作手法，排在我前面的講題是：「醫療衛生法規之廣告用語規定」，光看題目就有點小恐怖，接著看到下面的投影片：

接下來簡報的情況，大家應該不難想像，台上講者費盡心力的講解，台下則聽得意興闌珊，甚至有聽沒有懂。我當時在台下準備接下來的演講時，我不禁開始想像，如果是我接到這樣生硬的講題，該怎麼辦以及準備呢？或許第一時間可能選擇不接收邀約，會是最簡單的方式！但如果真的必須得接受，該怎麼辦呢？

首先我會做的第一件事，是先設法了解醫療衛生法規的主要意涵，該法規規範的重點，以及需要注意的重點，其次我會嘗試詢問一下主辦單位，規畫這個講題的目的，以及預期達到的效果，最後會了解該活動來的群眾大概會是怎樣的背

景，通盤了解後，才開始設計簡報！

　　醫療衛生法規中，主要要說明的是廠商在產品註明的醫療效能，有哪些字詞不能、哪些字詞可以使用？而現場來的人大多會是中小企業，他們會想知道最新的規定，究竟哪些字詞可以使用、哪些不能使用，說得更直接一點，大家在意的不外乎就是用哪些字詞會被罰錢，而且通常聲明醫療效能的違規罰金，動輒都幾十萬！

　　因此，如果是我簡報，在簡報設計上，我會先以「畫重點」的方式，先將條文內容簡化、找出重點以及理解條文主要規範目的。在「畫重點」過程中我發現，醫療衛生法規分兩個重要的部分：第一、合法；第二、非法。聽起來很像廢話，不是合法當然是非法，但也因為這樣分類後，我發現一開始可以設計一個哏：「大家好，相信大家對於醫療衛生法規，都會覺得很枯燥麻煩，但是不用太擔心，今天只分成兩部分就可以說明完畢！」這時候觀眾本來覺得無聊的，會突然覺得既然只有兩個部分，不妨聽聽看。而簡報設計上，我會以下圖為第一張簡報：

　　看似很簡單、很白癡的一張簡報，但是卻能有效解除大家第一時間就看到許多複雜的條文、文字而產生的抗拒感！緊接著我不會直接介紹條文，而是一樣運用「畫重點」的技巧，將「非法」的部分用詞秀出來，例如：

　　先讓群眾有基本的認識後，進一步才開始講解條文部分！

非法 醬療效能

" 宣稱預防、改善、減輕、診斷或治療疾病或特定生理情形 "

回顧一下我剛剛在準備簡報過程中，我做了哪些事情？**第一、融會貫通**：先了解條文規範的目的；**第二、整理簡化**：運用「畫重點」的技巧，將資料整理簡化；**第三、群眾需求**：針對群眾的需求、疑問等作為簡報設計的依據！這三件事情，在設計簡報時，需要反覆練習、反覆思考，熟能生巧，未來在掌握重點、思考簡報設計時，就能夠越來越快掌握所要闡述的重點！

3.2.1 簡報邏輯：融會貫通

當我們開始準備一份簡報時，第一件事情，絕對不是埋頭苦幹，直接將所有資訊囫圇吞棗，全部貼上到簡報當中，一定要先了解簡報內容，無論是職場或是學校場合，講者對於自身簡報內容是否專業、熟悉，便是最首要的關鍵之一。

一般新人或是學生，最常見的問題就是只是將一大堆資訊放入簡報當中，可能只有閱讀過一遍，甚至可能都沒有時間好好消化，就要上台簡報，表現自然就不佳，報告時毫無章法、邏輯、順序不佳，聽了半天也聽不到重點！反觀，講者若對於自身簡報內容的專業度越高，或是對於簡報的主題越具有熱情，通常表現都十分具有自信，簡報自然就較為吸引人！

因此，在開始簡報設計之前，更重要的一件事情，是務必先針對簡報內容融會貫通，這會是簡報最重要的打地基的工夫！

3.2.2 簡報邏輯：整理簡化

講者對於簡報內容融會貫通後，緊接著需要進行的動作就是「話重點、畫重點」，將最重要的菁華擷取出來，根據所要說的重點來「畫重點」，作為簡報設計的依據！

這個階段最容易見到的是困擾許多「太融會貫通」、「太專業」的講者，因為懂的東西太多，反而會覺得好像什麼都是重點、什麼都想要跟觀眾分享，以致簡報內容太多、資訊量太大，變得「毫無重點」。這樣非常的可惜，看似簡報內容含金量很高、觀眾也好像學習到許多，如果簡報場合只是演講型，或許觀眾只需要聽到一些新觀念、有幫助的論點、格言，可能就覺得很有收穫，但是在某些訓練、教育的課程中，學員反而有可能因為資訊量太大，看似學到很多，但是最後卻無法真的好好記住一個重點，這是許多「專業」講者需要注意之處，若是無法掌握「整理簡化」的要點，覺得太多資訊無法割捨，那麼請依據「簡報邏輯」的第三個準則，作為簡報設計的最後依歸！

3.2.3 簡報邏輯：群眾需求

　　無論在職場上或是學術場合，簡報的目的或許是要能夠說服觀眾、或許是希望讓觀眾有收穫，簡報最終跟「觀眾」息息相關，一場簡報若少了「觀眾」，則一點意義都沒有，也無需簡報，如同一場演唱會，沒有了觀眾，那麼歌手再有十八般武藝、準備得再周全，表演再精采也沒人知道。因此我們在準備簡報過程當中，請隨時把握一個原則：以「觀眾需求」為主，任何想講的內容，都要問過自己：「這真的是觀眾想要的嗎？」、「這真的對於觀眾有幫助嗎？」、「這真的能夠說服觀眾嗎？」只要能夠持續問自己這幾個問題，作為簡報內容篩選、調整的依據，簡報內容自然就不會失去焦點！

　　從輔導企業、店家行銷的經驗中，我最常聽見企業主、店家告訴我的一句話：「我對於我們的產品很有信心，我們用的材質都是最好的，經過 OOO 檢驗合格、還有國際標章！」等等之類的話，我都滿認同的，畢竟產品力如果不夠好，我也不會想要幫助廠商行銷，但每每我聽到諸如此類的話語，我心中都不免產生一個念頭：「然後呢？」會有這樣的念頭，並非我對於產品或是業主嗤之以鼻，而是我正在思考一個問題：「對於消費者的意義何在？」

　　曾經有個地毯公司做了一個有趣的行銷活動與文案，該公司過往行銷文案都一位強調產品有多好、材質用料多實在等，雖然銷售成績也都不錯，但是他們發現一個問題，即便忠實客戶購買能力再好、對品牌忠誠度再高，地毯更換的周期實在太久，一般正常的家庭可能再換裝地毯後，平均更換周期落在三到五年，甚至有許多家庭會一直用到地毯破舊、損壞才打算更換，如此一來，即便他們再怎麼強調產品的特點，客戶並不會因此就打算更換地毯。因此他們想了一個法子，希望可以刺激消費者可以縮短更換地毯的周期，他們開始改變行銷策略，換位思考，從消費者的角度發想，究竟消費者會在意的是什麼？什麼因素會促使消費者願意提早更換地毯？

　　後來他們發現，當地毯使用經過一段時間後，地毯產生的灰塵、細菌就會高於一定的指標，而許多家庭可能有新生兒、小嬰兒等，這些都可能造成小孩過敏、

生病，於是抓住消費者在意的痛點，進而以此作為行銷訴求，便使得許多消費者為了小孩的健康著想，而提早更換地毯！

這個例子常常拿來作為「創造消費者需求」的行銷案例。與其說是「創造」需求，我更覺得是「換位思考」，如何站在消費者的角度去思考？消費者在意的是什麼？

同樣，當我們開始一份產品簡報時，我們是否先思考簡報的目的性，群眾真正在意的點會是什麼呢？而不是從自身的角度去思考我們的產品有多好！

「為何這頁簡報會想這樣設計？」是我最常問廠商的一句話，目的就是希望了解廠商透過簡報想要說明、闡述的重點為何。常常在輔導以及修正簡報的過程當中，最花費時間的，往往都在一開始先釐清簡報目的的階段，因為唯有釐清簡報目的，才能作為簡報設計的準則、依據，當清楚目標之後，以便進入下一步驟：簡報設計！

簡報設計，三招抓住吸睛重點！

前面我們提到簡報邏輯，更進一步我們要來談談，究竟如何可以掌握「重點」，創造出「驚艷簡報」？在此我們先回顧一下，先前談到的設計原則：任何簡報設計要達到「驚艷」，最基本的就是要達到一致性   顏色、版型（對齊、對比、分類、重複），這些絕對是簡報設計的基本，當簡報符合這些條件後，我們要進一步去探討究竟怎樣的設計才能夠讓觀眾抓到重點！

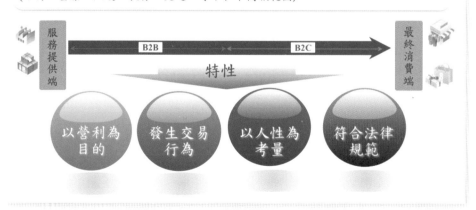

左圖是我們常見的簡報形式，將許多的文字、圖表重點，全部塞進一張簡報當中。曾經遇過學員回饋表示說：「我們也不想這樣做，但是常常被要求簡報要限制在幾頁當中，但是內容又很多，只好全部塞在一頁當中！」也有學員反應：「簡報不能做得太簡單、內容太少，這樣主管會認為沒有認真做簡報！」

我其實很反對「規定簡報張數」這件事情，張數少就代表內容精簡或是精采嗎？張數多就一定代表內容豐富嗎？其實都沒有一定的定論，但若是要能夠讓簡報達到溝通的效果，則建議可以依循下列四個步驟作為簡報設計的參考準則！

3.3.1 聚焦切割、一頁一重點

所謂聚焦切割，就是我們可以先檢視一張簡報當中，到底有哪幾個重點？再依序將重點切割出來，作為獨立的一張張投影片，這樣的目的不是因為我們大腦處理資訊量有限，反而是因為我們大腦可以處理的資訊太多，若是我們將許多資訊放在同一張投影片當中，反而很容易分心。請謹記這個原則，盡量將各個重點切割，放置於獨立的投影片當中！許多簡報者或許會認為文字和圖表放在同一張簡報，可以幫助大家聚焦、比對，事實上，愈多資訊放在同一張簡報當中，愈容易讓大家注意力分散，愈容易造成反效果，此外隨著智慧型手機的功能日漸強大，現代人生活幾乎離不開手機，許多人在開會、聽演講時，手機都隨侍在身，三不五時就拿起手機、喚醒螢幕查看是否有新訊息，注意力降低的情況愈來愈明顯，因此善用「聚焦切割」將重要資訊，獨立放在簡報當中，保持「一頁一重點」，反而會是更好的作法！例如下頁圖：

我們可以先將簡報當中的文字、圖表兩大區塊分割，分別做成兩張簡報：

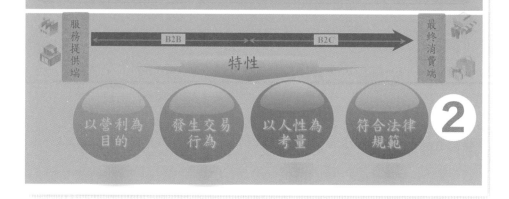

壹、商業服務業發展現況與推動政策(1/3)

一、商業服務業之定義及特性

凡以營利為目的，直接或間接方式向生產者購進財貨商品再轉售到消費者之買賣交易過程，如批發、零售、餐飲、物流，亦涵蓋相關衍生的業種業態。

(銀行、醫療、照護、教育、交通…等不在本簡報範圍)

這樣一來因為每一頁簡報的資訊量變少，相對的字體的大小就可以加大，使得資訊更為顯著！除此之外，一樣要掌握前面章節提到的顏色一致性等設計原則，通常我會建議可以先將簡報當中大部分的顏色，改為深灰色、淺灰色，然後再重點文字、圖形部分再加上主色、輔助色等作為凸顯！

接著我們再來看一個常見的例子，很多時候在教學、學術的簡報當中，會有許多步驟、照片，常常可見的是將好幾張圖片放在同一張簡報當中，例如下圖：

這時候就很容易造成一張簡報裡面有太多文字，造成閱讀時候很不容易捉到重點。不耐煩，自然就會分心，因此我們可以利用聚焦切割的方式，先將這張簡報裡面的上下圖片分成兩張簡報，並且使用我們先前提到大圖方式來設計簡報，例如下圖：

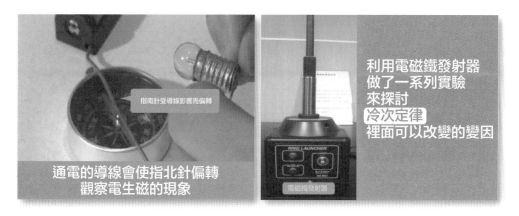

如此一來，大家可以發現簡報裡面的圖文訊息，更有重點也更容易被看到！

📝 3.3.2 色塊、顏色凸顯重點

在製作簡報時，常常會需要標示重點，使得說明更為便利，通常最常見的就是馬上聯想到使用紅色作為重點標示，如同我們求學期間在課文中畫重點，最常使用的就是紅色，這樣的方式大部分情況底下，都不會有太大的問題，但是當簡報運用深色背景時，往往就會有些許不同，例如：

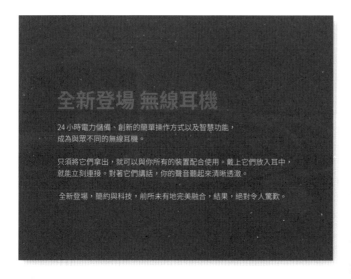

這時候我們如果直接採用紅色字作為重點標示時，會發現紅色並不突出，不夠明顯。要能夠讓簡報重點突出，有兩種常見的方式：第一個用**色塊**是最簡單的方式，不用擔心任何配色問題，只要掌握著深色底淺色字、淺色底深色字的原則，先畫一個白色色塊墊在標題底下，而標題文字使用和背景顏色一樣，即可快速凸顯出重點！

在上圖中，可以看到透過白色色塊，就能讓紅色標題更為凸顯，雖然這樣可

以達到讓標題更為凸顯的效果，但是為了讓簡報更顯一致性，通常會建議將紅色標題文字，也改為和背景一樣的顏色，色塊區塊的設計，其實就已經可以讓標題突出，所以不需要額外再使用一個和主題顏色有差異的顏色！

而第二種方式，則是可以透過**顏色的選擇**讓文字標題更為凸顯，例如：

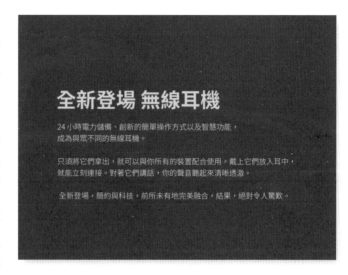

當標題改成黃色之後，可以發現黃色較紅色，更能夠凸顯出來，但是為何要使用黃色呢？不同顏色的背景，一樣適用黃色嗎？這有沒有什麼可以依循的準則呢？

這時候就不得不談到色彩學的其中一個原理：**互補色**。

通常在色彩學當中最常見到「色環」，色環（Color Wheel），又稱色輪、色圈，是將可見光區域的顏色以圓環來表示，為色彩學的一個工具，一個基本色環通常包括 12 種不同的顏色。

基礎的十二色環由瑞士設計師約翰·伊登（Johannes Itten）所提出，其結構為：

CH3.3 簡報設計，三招抓住吸睛重點！

色彩-12色環圖

等邊三角形內的三原色——紅、黃、藍，作為第一次色，將三原色兩兩相加可調出橙、綠、紫等第二次色，如果再將這六種顏色中兩相鄰的顏色等量互調，得到該兩色的中間色（第三次色），便產生了十二色色環。

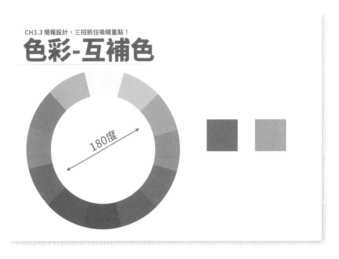

看似非常深奧、難懂，不過不用太過於擔心，我們只要知道其中「互補色」的概念即可，所謂互補色，就是在色環圖中，相對角成 180 度，也就是直線兩端的顏色，互為互補色（又稱為對比色）。兩種色彩互為互補色時，是最能夠凸顯出彼此重點的配色組合。因此上例當中，黃色正好是藍色的互補色，因此標題顏色使用黃色，更能夠凸顯出重點，相反的紅色在色環當中的位子，較為接近藍色，越接近的顏色，在色環當中稱之為「近似色」，因為「相似」，當然在視覺當中看起來就會比較相近，而不容易凸顯出重點！

同樣我們也可以將互補色的概念，運用在圖表設計上，例如下圖當中，原先是使用藍色相似色調來設計圖表，如果我們運用黃色、橘色的色調，就更能夠讓數據凸顯出來！

雖然色環上運用互補色，是非常方便的一種方式，但是也並非完全全能、精準的配色，互補色只是提供我們配色的大方向，比較不容易在配色上出錯誤，實際上運用時，還是需要多嘗試不同色彩運用，因此我會比較建議使用「色塊」的方式，是最簡便、最快速，也最不容易出錯，標示出簡報中重點的方式！

　　此外再舉一個例子，有時候簡報過程當中，常有可能在一張簡報，因為資訊太多，而報告太久，停留在同一張簡報中太久，而造成觀眾失去注意力，最好的方式當然是不要在同一張簡報當中停留太久，但有時候或許需要講述、說明的內容較多時，則很難避免！

　　如果真的很難避免的情況下，建議在簡報中，可以運用改變顏色的小技巧，當顏色改變時，因為視覺上有了變化，通常觀眾的注意力就比較容易重新注意到簡報上，只是單純的顏色改變，在簡報時，就

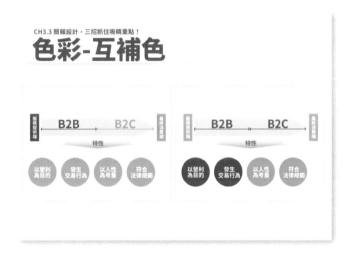

能發揮很大的效果，「改變顏色」的小技巧，滿鼓勵大家可以多多運用在一些需要講授較久的簡報當中，會有出其不意的效果！

　　在簡報切換過程當中，透過「色彩」變化，可以讓視覺更活潑。

📝 3.3.3 大小、形狀凸顯重點

我常在講課時分享，以左圖為例會詢問學員，問學員哪一個最大？大部分的人第一直覺都會直接回答：「1」，而不是回答「3」，屢試不爽。這也在在證明「視覺引導」的重要性！詢問時，我並沒有說明「最大」是指形狀大小還是數字的大小，以數字來論，當然是「3」比較大，如果是以形狀來說，當然就是「1」！但是為何大家第一時間都會直接回答「1」呢？可見人的思維視覺判斷走在文字邏輯之前，因此設計簡報時，只要掌握好「大小」、「形狀」，就能夠將所要強調的重點凸顯出來，舉個最常見的表格例子來說：

咖啡	$ 50k
茶	$ 20k
－ 翡翠檸檬	$ 11k
－ 紅茶	$ 1k
－ 綠茶	$ 2k
－ 薰衣草花茶	$ 3k
果汁	$ 18k
－ 西瓜汁	$ 6k
餐點	$ 12k
－ 鬆餅	$ 4k
總計	100K

如果我們要在這張簡報當中，找出營收比例倒數第二的是哪個項目，容易找得出來嗎？我想通常都需要花費一點點時間。那麼我們可以怎麼修改這張簡報，讓項目更為清楚呢？有的人可能直覺就會想到長

條圖、圓餅圖的形式來做呈現，這的確是一個很好的表現形式，不過有時候我們拿到的圖表，可能只是一張圖片檔案，如果我們要重新匯整成長條圖、圓餅圖，就必須要一一重新輸入數據，但是在職場上分秒必爭，往往可能早上拿到資料，下午就要上場簡報，可能沒有太多足夠的時間製作簡報，但是如果直接拿現成的圖表資料上台簡報，效果可能又不彰，怎麼辦？

以前文我們提到「顏色」、「色塊」的方式，我們可以用最快的速度，先為簡報標示重點與顏色，例如右圖：

咖啡	$ 50k
茶	$ 20k
－ 翡翠檸檬	$ 11k
－ 紅茶	$ 1k
－ 綠茶	$ 2k
－ 薰衣草花茶	$ 3k
果汁	$ 18k
－ 西瓜汁	$ 6k
餐點	$ 12k
－ 鬆餅	$ 4k
總計	100K

但是通常我們在簡報表格數據時，不太會只有簡報營收倒數第二的一個項目而已，可能還會需要說明其他的項目。如果我們也在表格中標示顏色時，很容易造成右邊第二張圖的情況：

這樣一來又會讓簡報呈現過多的色彩，而造成視覺紊亂的效果。此時我們可以結合「大小」、「形狀」的方式做凸顯，改造簡報：

咖啡	$ 50k
茶	$ 20k
－ 翡翠檸檬	$ 11k
－ 紅茶	$ 1k
－ 綠茶	$ 2k
－ 薰衣草花茶	$ 3k
果汁	$ 18k
－ 西瓜汁	$ 6k
餐點	$ 12k
－ 鬆餅	$ 4k
總計	100K

在簡報當中透過「形狀」、「大小」，便能夠讓人們迅速理解，哪個項目的營收最高、次之的依序關係，能夠讓觀眾的理解時間縮短，不需要特別製作長條圖、圓餅圖，就能夠達到讓觀眾理解的效果，甚至如果需要有更好的效果，還可以連「文字大小」都一併調整，例如下頁圖示：

當然如果在學術、職場簡報，可能需要詳細的數據佐證，這時候也不用擔心透過「形狀」、「大小」的方式不夠精準、精確，我們只要將原先的表格數據，放置在圖左下圖簡報之後的頁面即可，這樣不僅兼具重點、有精確的數據圖表，又能夠讓簡報更快速為觀眾理解！

在這一章節，跟大家分享最重要的一個精神，簡報設計一定要根據群眾的需求為先，接著要思考「話重點」的內容，再根據內容來「畫重點」，而在畫重點時，可以運用「顏色」、「色塊」、「大小」、「形狀」等要素設計簡報，讓簡報的重點更容易凸顯，如此才能夠真的讓觀眾在更簡短的時間，快速理解！

最後切記，同一張簡報當中，不要放置太多的重點與圖表，並非是因為一個人一次無法理解過多的資訊，還是太多資訊只會分散注意力，而使得簡報重點無法凸顯，導致簡報效果不彰！

chapter 4

SIMPLIFY
簡潔藝術篇

開場簡報設計篇

「好的開始，就是成功的一半！」這句話大家都知曉也不陌生，在簡報的場合當中更是如此！我常說簡報就像一場演唱會。演唱會一開始通常都是以快歌開場，炒熱氣氛，一場好的演說簡報就應該如此，雖說職場簡報不見得需要炒熱氣氛，甚至不適合炒熱氣氛，但是一開始就掌握觀眾想要聽的重點，抓住群眾注意力，則是一樣的重要，不變的真理！

問題是開場簡報究竟要怎麼設計才能夠達到「成功的一半」呢？

在此建議各位使用兩個技巧作為開場簡報的設計準則：

4.1.1 色塊重點凸顯法

開場簡報中馬上看到的當然就是簡報封面，一般來說，如果是在公司當中，可能都會有固定的簡報公版，因此要修改的機率通常不大，但是還是有個小技巧可以運用，不過我們先留待後面討論，這邊先來探討的是一般最常見，沒有公版的情況，自行設計簡報封面時，可以掌握哪些要點！

2017年第1季的檢討及2~3季的目標訂定

- 第1季教育訓練執行情形。
- 人力結構變動情形報告。
- 專案報告：企業社會責任報告書
- 第2~3季工作目標:招募工作之檢討與改進

單位：XX課
日期：2017, 4月28日

XX課2017年XX報告

[XX課報告大綱]

1. 2017年Q1工作報告
2. 2017年Q2工作計劃
3. 成本報表分析

報告人：XXX
2017.X.28

從左頁簡報圖例當中，我們可以看到簡報通常有兩種，一種走的是極簡風，單純文字、一種則是簡單的套版，搭配上圖片！開場簡報封面，是非常重要的第一張簡報，所謂「人要衣裝、佛要金裝」，尤其是在提案的場合當中，封面往往決定第一印象，最簡單的改造方式，就是運用先前提過的色塊、對比的方式，例如圖左頁左圖中，乍看之下就是一堆文字，不容易掌握到重點，相信很多人第一眼看到這樣的簡報，就已經開始失去耐心，加上如果內容又是比較屬於枯燥的報告，不難想像後面報告時的慘狀囉！

　　接下來要教大家幾個技巧，即便沒有時間改簡報，也能在一分鐘時間，創造驚艷簡報！

4.1.1.1 重點摘要

　　首先最簡單的改造方式，就是**畫重點：重點摘要**，我們常見一些封面以大綱文字的顯示簡報，一大堆文字，很容易讓觀眾抓不到重點，而且一眼看到一大堆文字，很容易感到枯燥乏味。若是我們能夠花一點時間，先幫大家「畫出」簡報重點，就能在第一時間，快速幫助群眾理解。

　　不過畫重點是有技巧的喔！千萬不要像下圖一樣：

圖中我們發現，已經將「重點」標示成黑色粗體，不過因為文字過多，加上編排問題，不容易凸顯重點，甚至在視覺上看起來混亂、不易閱讀，所以，除了「畫重點」之外，還要掌握住設計四個原則中

2017年第1季的檢討及2~3季的目標訂定

- 第1季教育訓練**執行**情形。
- **人力結構**變動情形報告。
- **專案報告**：企業社會責任報告書
- 第2~3季**目標訂定**:招募工作之檢討與改進

單位：XX課
日期：2017, 4月28日

的「**對齊**」原則，將簡報改造如下：

2017年第1季的檢討及2~3季的目標訂定

❊ **執行情形**：第1季教育訓練執行情形
❊ **人力結構**：變動情形報告。
❊ **專案報告**：企業社會責任報告書
❊ **目標訂定**：第2~3季招募工作之檢討與改進

單位：XX課
日期：2017年04月28日

我們只需要做一個小動作，將重點文字挪移到最前面對齊，如此一來，可以發現，重點更凸顯了，也更能夠幫助大家快速掌握簡報的大綱與重點項目！

同樣一張簡報，不需要花費太多時間修改簡報，透過「重點摘要」的技巧，就能夠讓簡報有顯著不同的視覺效果，進而有助於群眾閱讀與理解，即便在沒有時間大動作美化簡報，至少也一定要「畫重點」，花一點點時間，就能夠收到很不錯的簡報效果！

4.1.1.2 色塊強化

此外許多工作報告、年度報告，都有一定的「次序」性，我們也可以透過「色塊」的方式，強化出我們要報告的重點以及次序性，例如下圖：

2017年第1季的檢討及2~3季的目標訂定

第1季 **第2~3季**

執行情形 人力結構 專案報告 目標訂定

執行情形：第1季教育訓練執行情形
人力結構：變動情形報告。
專案報告：企業社會責任報告書
目標訂定：第2~3季招募工作之檢討與改進

單位：XX課
日期：2017年04月28日

大家可以發現，透過簡單的色塊設計以及區隔，不僅能夠有效的將報告重點凸顯，還能夠強調報告中的次序性，讓觀眾更容易掌握報告的架構以及進行流程，在還未開口簡報時，光是秀出簡報封

面，就能夠讓群眾大概對於報告內容有一個概括性理解，而不會覺得會議是漫漫長路！

4.1.1.3 簡潔為要

以剛剛的簡報為例，雖然透過「重點摘要」、「色塊強化」的技巧，都可以幫助我們凸顯簡報重點，但是當我們在簡報時，封面是否需要一開始就塞入這麼多資訊呢？其實是有待商榷的，或許有些人認為這樣的大綱，應該放在第二頁報告，這也是很好的意見。而我通常比較建議，是越簡潔，越能夠凸顯重點即可，封面其實不需要太多文字、裝飾，只要能夠強調出簡報重點即可。以這個角度出發，我們可以在這份簡報做個小改良：

我們可以將標題、文字作適度的刪減，原先「2017 年第 1 季的檢討及 2 ～ 3 季的目標訂定」太過於冗長，不易一眼就閱讀與理解，其實可以只標注出「2017 年度報告」重點即可！下方部分就會帶出「第 1 季的檢討及 2 ～ 3 季的目標訂定」，不需要有重複的元素與文字！

此外，內文文字部分，其實不需要在一開始就用到這麼多文字敘述，可以插入在後面的每個章節當中再詳細描述就可以，所以在簡報封面部分，只要重點摘要即可。因此我們更可以進一步將簡報美化如下頁圖：

在圖上例右圖簡報當中，我們更運用「色塊」、「對比」的方式，使得封面更為凸顯，與內頁的白底、藍字有所區隔，這麼一來就可以讓簡報的封面、章節、內頁層次更顯豐富，具有變化，也更容易區隔封面與內頁！

4.1.2 三秒膠大圖凸顯法

許多簡報封面會採用簡單的套版，然後加上一張圖片作為封面，先前在＜2.2 影像魔術手＞談過如何運用滿版大圖與圖片，我們可以活用來強化、凸顯簡報重點，同樣，如果要放圖片在封面，建議就將圖片改為滿版大圖，視覺效果一定會比較明顯！

不過在簡報封面設計部分有幾個原則是要特別注意的：

4.1.2.1 圖片解析度：色塊破解法

切記雖然滿版大圖視覺效果比較顯著，但若是圖片的解析度不夠時，放大圖片反而會使圖片模糊，這時候就建議一定要換張解析度比較高的圖，才能真正的顯出滿版大圖的氣勢與效果，不過我們往往碰到的問題是素材不足，手邊沒有適

合的圖片，有的圖片解析度都不太適合運用在滿版大圖。如果真的遇到這種情況怎麼辦呢？這時候就可以善用先前分享的「色塊」方式，加以改造簡報：

透過簡單的「色塊」編排，不用擔心圖片解析度的問題，又可以創造出不同的視覺效果！因此只要多嘗試、多練習「色塊」的運用方式，就可以變化出許多不同具有設計感的封面！

4.1.2.2 圖片與主題相關性：半透明破解法

許多時候大家為便宜行事，封面照片隨便選一張放上，就當交差了事，殊不知封面照片的影響性頗大，封面的圖片是否「吸睛」，能夠達到吸引觀眾想要往下看，絕對是簡報封面很重要的一環！

常看到許多簡報封面都會使用風景照片，風景照片固然漂亮，但是不見得跟簡報主題有相關性，所以在挑選照片時，建議找的圖片必須符合簡報主題以及整體設計風格，但是我們在找封面照片時，常常會遇到找不到適合主題的圖片，或是找的適合的，但是解析度不夠高。教大家一個技巧，當找到的照片主題不是這麼適切，但是又真的沒有太多時間找尋圖片素材與設計簡報時，倒是可以嘗試「半透明色塊」的方式！

色塊半透明

1. 置入圖片
2. 色塊填滿，設定透明度
3. 加上色塊設計

當我們找不到適當的素材時，透過半透明色塊的方式，好處是巧妙的弱化了圖片本身的效果，不至於因為圖片主題不適切，搶過簡報主題，同時因為弱化圖片效果，而更能重點凸顯出文字內容，不僅不影響簡報主題焦點，又能夠兼具美觀性、設計感，可以說是沒辦法中，又能夠讓簡報封面看起來像是有那麼一回事的最佳作法！

📝 4.1.3 常用簡報封面設計技巧

綜合上述「色塊」、「大圖」的設計方式，在此整理常見的簡報封面樣板，供大家參考、練習：

4.1.3.1 快速懶人法：插入形狀

在製作簡報封面時，以大圖為背景，直接在簡報頁面上插入形狀，是最簡潔、快速的設計方式：

4.1.3.2 簡易設計法：透明形狀

在簡報中央插入一個簡易的形狀，外圍加個稍大點的同等形狀或不同形狀的邊框，就能夠快速呈現不同的設計感，當然有空的話，形狀調整些微的透明度，則又更容易：

4.1.3.3 裝飾設計法：線條裝飾

除了前述在色塊形狀上調整透明度之外，其實我們還可以在純色形狀外圍添加一個等比例加大的同等透明度形狀，創造不同的層次變化：

4.1.3.4 拼裝設計法：形狀混合

透過前面幾種不同的簡報封面設計，大家應該對於「色塊」、「形狀」、「透明度」這些元素有比較熟悉的操作運用概念，慢慢的熟練後，還可以任意混搭，創造出多元變化的簡報設計風格喔！

這邊舉的例子其實只是冰山一角，其實不需要有花俏的背景和設計元素，只要透過「大圖」、「色塊」、「形狀」、「透明度」混合運用、搭配，就能夠創造出極簡設計風格的簡報封面，趕緊著手試試看吧！

大綱簡報設計篇

在簡報內頁當中，最常見也最容易被忽略的就是「簡報大綱」的設計，常見的大綱簡報大致上會向下列例圖一般：

大多數都是直接採用條列式的方式，將大綱秀出，頂多就是搭配簡報基礎的版型，有些比較講究的簡報大綱，可能會使用圖形裝飾，例如下列簡報：

即便有使用圖形裝飾，但是大多數人在簡報時，也都是快速帶過，而且這類型簡報反而會因為裝飾性元素過多，使得簡報視覺上顯得零亂！

可是有些人可能會覺得說，簡報大綱真的有這麼重要嗎？需要設計嗎？設計

不好有這麼嚴重嗎？通常不是都直接說明一下，就快速跳過嗎？甚至有人覺得，簡報內容應該更重要吧，大綱也不是帶過而已！

別忘記「好的開始，就是成功的一半」！這句話並非只是針對簡報封面而言，其實在大綱部分扮演著十分重要的角色，在一開始簡報破題的部分，如何讓觀眾清楚簡報的流程、概況，以及簡報重點等，都是在一開場就應該讓觀眾清楚、明瞭！

相信許多人都曾經面對過兩種簡報情境：第一、底下的觀眾其實是被迫來聽講；第二、針對主管、長官報告，大部分觀眾是沒有耐心，只想聽到重點。這兩類型的觀眾都不容易應付，但是若能夠善用簡報大綱，就能夠發揮「小兵立大功」的功效喔！

📝 4.2.1「1＋3」法則

首先跟大家介紹「1＋3」法則！什麼是「1＋3」法則呢？

1：代表的是**一句金句**，所謂的金句可以理解成是一句標語、口號（slogan），或者是一個問句。在簡報大綱階段，我會建議不要只是匆匆帶過，或是只是將大綱的標題「唸」過一次，而是應該將簡報的重點直接帶出，可以是一句重要的結論，也可以是一句問句，點出觀眾心中的疑惑以及想要知道的簡報重點！

　　例如圖上面左圖是常用的簡報大綱，只是單純將文字列出，大部分的講者，通常就是唸完帶過，甚至是連「唸」都沒有，只接說這是我們今日的大綱，就跳過！若是我們能改成右圖的形式，在一開始就說明：

　　各位店家，今天將會跟大家介紹如何創造業績的三階段，分別會從如何降低封鎖率、以及提升與客戶的互動率、當然，最後我們會探討大家最關心的如何讓業績翻倍的技巧。

　　雖然只是簡短的開場，就帶出店家最想知道的業績提升問題，並且說明今天簡報重點，讓觀眾對於內容有一個概括性的理解！雖然有些口語表達比較不錯的講者，可以透過口述的方式，引人入勝，讓人聽得津津有味，但若是在簡報設計上，有所著墨，其實更能夠有效吸引觀眾的注意力喔！同樣兩張簡報，相信很多人光看到第一張都是文字的簡報時，就會顯得興趣缺缺，或者有些不好的印象分數。

　　再舉個例子，做產品說明時，也很適合使用「1＋3」法則，例如：

品牌故事

因著母親對於孩子濃厚的情感，讓蜂蜜蛋糕有了魔法般的幸福滋味

從每份原料選擇開始，就如同母親呵護著剛誕生的小嬰兒般的細心與關懷，使得[JO愛媽媽]蜂蜜蛋糕在初期製作時，就充滿的滿滿母愛的能量。[JO愛媽媽]蜂蜜蛋糕嚴選來自南投鄉野間的蜂蜜，散發著清香，結合新鮮雞蛋、牛奶，同時不斷的注入深深的母愛，透過媽媽的巧手與愛，讓原料充分的融合為一體，並且經過長時間的烘焙等待，才能造就出清香無負擔且綿密細緻口感的蜂蜜蛋糕，就像是母親用盡一生心力從嬰兒時，便對我們呵護有加，一直無怨無悔的付出，只希望看著小孩平安慢慢長大，找到屬於自己的甜蜜幸福一樣！

因著母親細膩的情感與無限的愛心，才造就了[JO愛媽媽]蜂蜜蛋糕

每一口都是源自於母愛的濃郁情感，每一口也絕對顛覆您對蜂蜜蛋糕的情懷…

原先滿滿文字的產品簡介，可以優化改成右圖：先將產品的特色、標語列出，例如這款手工蜂蜜蛋糕，要強調的是源自於「母愛的濃郁情感」，凸顯出品牌精神以及產品特點，再著以「嚴選蜂蜜」、「無添加」、「新鮮現做」的三個面向，分別說明！

同樣，也可以運用「1＋3」法則在計畫報告上，以勸募計畫為例，可以先以一句標題點出勸募計畫的重點以及目的，接著說明會針對「院內同工」、「一般民眾」、「上班族群」分別探討勸募計畫的執行要點與目標！

我們也可以在簡報大綱的頁面，使用問句的方式，點出觀眾的疑慮或者是困境，吸引觀眾想要往下聽下去！

各位可以發現透過「1＋3」法則，我們運用「1句金句」的方式，將重點點出，會比起原先只是使用「簡報大綱」、「課程大綱」的方式，要來得能夠說明

簡報主題，以及達到吸引人想要聽下去的目的，此外再透過「3個特色」的方式，將重點或是簡報架構點出，讓觀眾先對於整場簡報內容有概括性的認識，也比較容易投入！

4.2.2 常用簡報大綱設計技巧

除了運用「1 + 3」法則之外，大家應該可以發現在前面幾頁簡報大綱的設計上，我們運用了「色塊」、「圖示」（ICON）相關的技巧，有別於一般常見的條列式大綱方式，甚至會使用 1、1.1、1.1.1 階層的方式呈現大綱，這一類大綱都是文字，其實反而容易弱化項目內容，分散觀眾注意力，所以接下來就跟大家介紹如何透過簡單的「色塊」、「圖示」（ICON）技巧，創造具有邏輯表達順序的簡報大綱設計！

4.2.2.1 圓形＋文字

我個人最常使用的色塊形狀就是圓形，因為圓形在排版表現上，可以給人一種舒服、圓滑、整齊的感覺，強烈建議大家可以多多嘗試圓形的設計排列方式！

而最簡單的形式是圓形加上文字，最快速也最簡單！

必要時也可以使用不同的顏色作為單元的區隔！不過特別要注意的是顏色搭配的協調性問題，這部分可以參考前面< 1.5 色彩魔法配色工具篇>。

4.2.2.2 圓形＋文字＋圖示

若簡報製作時間較為充裕，會建議大家可以在色塊當中加上圖示，在簡報大綱頁面上若能使用圖示，視覺效果會較僅使用色塊、文字的方式好上很多，不過前提是在挑選圖示上要符合高辨識度，不然反而會有反效果喔！有關於圖示的運用可參考＜ 2.3 運用視覺語言＞！

4.2.2.3 矩形卡片＋文字＋圖示

除了圓形的方式，可以運用「矩形卡片」，所謂矩形卡片就是將目錄大綱內容設計的較類似「卡牌」的概念，這類型目錄，更適合強調每一個項目的區隔性，也更便於說明項目內容！

而上圖則是矩形卡片、色塊的延伸變化，所以只要色塊、形狀操作熟練，就可以創造出多樣化、豐富性的簡報設計層次喔！

4.2.2.4 矩形＋文字＋圖示＋圖片

　　我個人比較不建議用「矩形＋文字＋圖示＋圖片」的方式，原因是因為太多元素，設計上花費的時間也較多，設計元素愈多，要搭配上愈不容易掌握，光是圖示要找適合的就要花費許多時間，又加上圖片的適切性，就更令人頭痛。不過透過圖片與圖示的相互搭配，倒是更能凸顯主題，時間如果夠充裕，還是可以嘗試練習看看！

　　因著圖片色彩的豐富度，也讓整體簡報設計有更多層次的變化，不過「水能載舟，亦能覆舟」，雖然圖片色彩具有豐富性，但是如果圖片主題、顏色搭配不當，一樣容易造成簡報設計的視覺紊亂、不協調喔！

　　雖然在簡報封面與大綱設計，我們著墨許多色塊、形狀、圖示、透明度等設計元素，但是還是會建議以「簡潔」設計為原則，簡報的重點不在於設計得非常複雜或是多樣絢麗，而是應該放在如何透過視覺設計幫助大家理解簡報內容，以及吸引著觀眾的注意力，才是我們在簡報設計中最需要考量的要點！

內頁簡報設計篇

我很喜歡寫書法、藝術字，也喜歡欣賞字畫，從大師的字畫作品當中都會透露著一股「行氣」。而所謂的「行氣」，指的是書法作品中字與字之間的應對關係，以及行與行的呼應關係，仔細看《蘭亭序》等諸多名帖，拿一枝筆在每一豎行的字中間畫一條直線，你會發現每個字的中心（或者叫「重心」）都在這條線上。這就是「行氣」。

相同的，許多優秀的簡報設計作品，都像是用度量尺刻畫出來，非常的工整，如同書法一般具有「行氣」，深究其原因，都一定符合設計的四大原則：對齊、對比、分類、重複（詳見章節 2.5）！

而有時候拿出自己過往的簡報作品，雖然當時有注意到顏色的一致性，但是發現用了許多的圖表、裝飾，使得整體顯得非常的零亂，真的慘不忍睹！

幾經慘痛的更迭，演化至今，其中最重要的不外乎「簡潔」，將許多不必要的裝飾元素去除，只留下必要且能夠凸顯重點的「色塊」、「形狀」等裝飾元素，不過這些都還是「可見」的設計元素，接著在簡報內頁的設計中，要進一步跟大家探討「無形線條」的設計元素，透過這「無形線條」正是讓簡報能夠符合對齊、對比、分類、重複四大設計原則的重要關鍵！

4.3.1 對稱、對齊輔助線

透過此圖我們可以看到紅色輔助線標注的幾個部分，不僅置中對齊之外，連同左右留白部分的寬度都是一樣！

更進一步仔細觀看，可以發現藍色色塊與灰色色塊區域的寬度，前後是對齊一致，而每個灰色區塊的間距也都是等距！

有些朋友或許會擔心，每一頁簡報都要如此檢驗對齊與否，好像非常的麻煩，其實現在新版的簡報軟體，無論是 PowerPoint 或是 Keynote，其實在拖拉物件時，都會有輔助線的功能，只要稍微注意一下，就不會太困難！

另外，也建議大家在拖拉物件時，可以按住「Shift」鍵，在拖拉物件，這樣物件就會垂直或水平移動，比較容易對齊！

PPT快速鍵篇

1. 點選物件
2. 同時按住 (shift) 鍵與 🖱 右鍵，進行拖拉物件

    可以使物件水平或垂直移動，達到快速「對齊」，沒有偏移的煩惱

📝 4.3.2 聚焦輔助線

輔助聚焦，最常見的就是三分原則。許多初學書法會使用九宮格的宣紙，作為輔助學習一樣，我們也可以在簡報版面上畫上九宮格，最簡單的九宮格製作方式：可以先在簡報當中加入一個表格，直接將表格拉至滿版即可做出九宮格的參考輔助線！

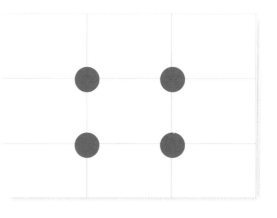

其中九宮格的交叉四個點，通常稱作**聚焦點**，就是我們可以擺放重要元素的位置，將能夠有效將觀眾的視覺引導到此點上，例如右圖：

4.3.3 視覺引導輔助線

有時候我們簡報當中會放置圖片，這時候就不一定是依照九宮格的聚焦輔助，而是要依照圖片本身的視覺動線，作為設計排版的依據，舉例來說：

圖中的女性眼神是朝著右上方，一般來說觀眾一定會先被圖片所吸引，之後才會注意到文字，當觀眾注意到圖片時，很自然就會被圖片中的元素所引導，而往右上區域看過去，因此我們可以將重要的元素，想要表達重點的文字放置在此處，如下圖：

透過上述輔助線的各種運用方式，便能夠讓簡報的排版更為工整、整齊，但是別忘了除了整齊之外，顏色、形狀一致性都是很重要的環節，尤其要特別注意形狀、色塊元素的應用，最好整份簡報當中使用同質性的形狀元素，例如前述簡報大綱可以運用圓形當作設計元素，那麼整體簡報設計時，盡可能統一使用圓形的形狀、色塊作為設計元素，但千萬避免一下子使用圓形、一下子使用矩形、甚至是多邊形。

切記過多的設計、裝飾元素，只會讓簡報顯得紊亂、視覺動線不佳，並不會真正的幫助觀眾理解簡報所要闡述的內容！「少即是多」的簡潔概念，更能夠讓簡報重點凸顯！

最後想跟大家談談封底的簡報設計，相信許多人的簡報封底設計都是如下：

Thank you

END

　　每份簡報都一定會有簡報的目的、目標，或是要提醒觀眾注意的重點，學習到的要點，因此應該在最後一頁簡報加上這些目標以及重點，當簡報結束後，停留在最後一頁時，還能夠提醒觀眾剛剛簡報中說了些什麼，以及該注意的要點，而不是只是「END」、「Thank You」，不具有任何意義的簡報結尾，舉例來說，像我自己在授課的課程簡報最後，我就會附上一張告知學員可以加入社群以及課後互動的訊息！

　　如同許多人在簡報最後會放在聯絡資訊，這樣都會比「END」、「Thank You」來得要好，除此之外，我也會在課程簡報最後放在重點提醒，例如：

這樣的結尾簡報,可以幫助觀眾重新複習一次重點,也可以強化簡報印象!

同理,許多職場簡報的結尾都會像以下一般:

簡報完畢,敬請指教

謝謝聆聽

建議各位不妨在最後封底簡報當中,加上需要決議的事項或是專案執行要點、或是成果數據,或是簡報的結論、重點!即便是像下圖一樣,簡單的文字說明,都會比起只是「謝謝聆聽」、「敬請指教」之類的結語,要來得好!

簡報結尾得好，可以幫助大家更容易聚焦在簡報過程中，講者所要闡述的重點，也更有助於群眾在聽完整份簡報之後作出決定或者是行動，因此在簡報最後千萬不要虎頭蛇尾，草草結尾、收場，這樣就枉費從簡報開場的設計、內容重點的提列，一路精心的設計，若不能在簡報最後做強化印象、說明，就太可惜囉！

待決議事項與討論：

1. 執行經費
2. 執行日期

chapter 5

VISUALIZATION
視覺圖表篇

視覺圖表，無論在職場簡報還是學術簡報當中，都扮演著非常重要的角色，好的圖表設計可以幫助群眾快速理解；不好的圖表設計，非但無法幫助大家理解簡報內容，更可能就此搞砸一場提案。在許多授課、評審的經驗當中，總結發現許多人對於圖表設計部分，有著二大迷思：

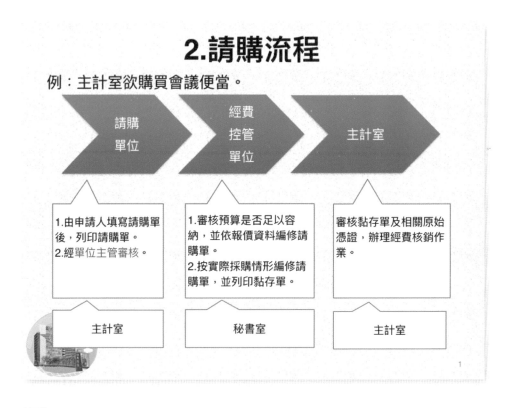

迷思一

設計的圖表越複雜、越花俏，簡報就感覺特別厲害，有些人還特別去找許多設計的很複雜的組織圖、流程圖等，感覺簡報圖表設計得很精緻、很絢麗，很吸引人，一看到簡報就覺得很漂亮，然後一味追求簡報設計絢麗，卻忽略掉簡報的目的在於溝通與說服，雖然我很強調簡報設計的視覺效果，會影響群眾的觀感以及影響提案成功與否。大家一定要記住，過多的設計元素、裝飾元素只會分散大眾的注意力，並不會真的幫助大家理解！

四、各單位責任件數統計-2

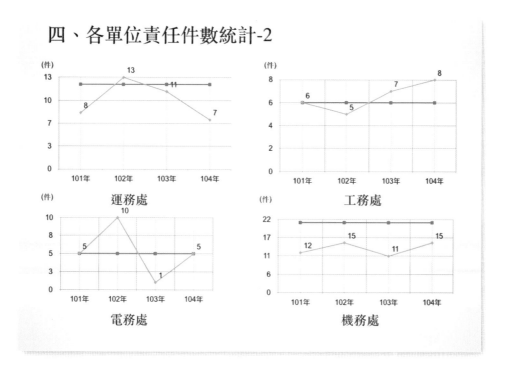

運務處　　　　　　　　　工務處

電務處　　　　　　　　　機務處

迷思二

　　圖表數據都一定要放在同一張簡報當中，才方便比對數字，容易理解！像上圖當中，將各個處室的統計圖表，放置在同一張簡報裡，原先設計者的概念，是希望可以「一目瞭然」，並且方便一起比對數據資料。但其實這樣反而更容易讓人困惑，也不容易看清楚各個圖表數據代表的含意！

　　那究竟要怎麼設計簡報中的圖表，才能夠兼具視覺效果，又能夠具有說明、溝通說服之效呢？

少即是多的極簡設計

「極簡」（Minimalism）並非一味的簡化，而是一種**「化繁為簡」、「精煉」**的過程！許多主管會主觀認為，簡報當中的圖表、數據太少，一頁當中只放一個重點，是一種「偷懶」的做法，殊不知**「少即是多」**的威力，一張簡報當中放置過多的數據資料，只會讓資訊超載，反而不易理解，亦不容易掌握重點，更遑論說服了！

「極簡」設計看似簡單、看似「偷懶」，事實上隱藏在背後則有許多的要訣，並非只是單純的簡報簡化，而是需要講者先消化簡報內容、濃縮重點並且融會貫通，才能夠真正「提煉」出簡報重點，並將之呈現於簡報當中！

以下分就四個法則與大家作為探討：

5.1.1 釐清目的，過濾多於資訊

此圖表當中，是我們常見將所有數據資料，做成長條圖（或折線圖等）。如此的圖例放置在簡報當中，我們應該怎麼著手改造呢？有人可能會想到使用百搭色，將圖表改為下列樣式：

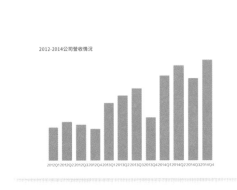

這樣看起來好像清楚多了，感覺滿不錯的！但問題來了，2014Q4 特別標注顏色的目的為何呢？該簡報想要凸顯的重點為何呢？是要說明 2014 第四季業績創造新高嗎？如果是這樣的設計就非常不錯，但若簡報時，目的是希望了解因為 2013 第四季業績跌落後，公司做了部分措施的調整，

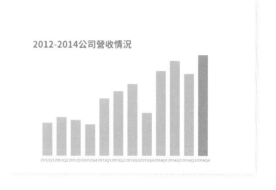

是否有助於公司業績成長時，那我們真的需要在簡報當中放置 2012Q1 ～ 2013Q3 的相關資訊嗎？或許我們只需要摘要，2013Q3 之後的長條圖，只要能凸顯出 2013Q4 之後，公司因應新的措施，真的有提升業績即可！改為下圖：

減少了過多的資訊後，不僅不用擔心因為數據減少，觀眾不易理解以及沒有數據對比的問題，反而因為過濾多餘資訊後，讓資訊更為聚焦，更容易凸顯簡報的訴求重點！

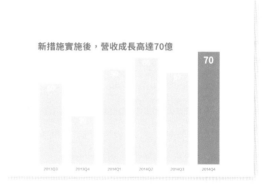

此外在簡報當中的標題，也做了適度的調整，不只是「2012-2014 公司營收情況」，而是以更為強化訴求重點的標題「新措施實施後，營收成長高達 70 億」作為取代，標題與圖表的相互搭配之下，讓簡報訴求更為鮮明，所以切記在每張簡報圖表設計當中，不僅僅是圖表要採用極簡設計，還要注意到標題的運用，是否能夠強化簡報訴求！

此外再舉一個例子，若這份簡報，是希望了解過往 2012 到 2014 年之間，公司成長的營收幅度，我們又可以怎樣優化呢？首先一樣要思考的問題就是，簡報

訴求的重點：如果我們只要知道公司成長的營收幅度，那麼需要將 2012 到 2014 年之間，所有的詳細數據都列上嗎？因此我們可以過濾掉這些不必要的資訊，改為下圖：

大家可以發現我們過濾了更多的資訊後，讓簡報更容易一目瞭然，更有效達到資訊溝通的目的，不會有許多不相關的數據資料干擾觀眾的視聽！

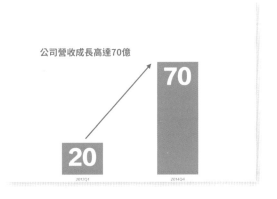

透過幾個簡單的例子，大家不難發現，簡報圖表的極簡設計，並非只是「簡化」，「極簡」設計是一種濃縮再加以還原的過程，透過刪減不必要的訊息、多餘的裝飾元素，歷經化繁為簡的過程後，淬煉出最菁華的，再加以還原呈現，便能夠將數據圖表，轉化為觀眾易於理解、達到溝通、說服的極簡簡報設計！

不過或許有人會想到，上面這些例子好像很簡單，但是圖表都需要自己設計才有可能達到極簡的效果，但是很多時候，我們拿到的數據圖表，可能都是圖片檔案，無法修改，或者沒有時間修改，要將數據一一輸入，製作圖表，這樣會很花時間，有沒有更方便的方式呢？若有類似的情形，大家不妨試試下列方式：「標誌特別處」。

5.1.2 標誌特別處

許多人在簡報的過程當中，因為簡報一頁當中塞滿許多的圖表數據，常常會造成說明不清，以及加上簡報筆使用不當，讓雷射光點在投影幕上，隨意舞動，講者說得很辛苦，台下也聽得很累，實在可惜！其實我們只要在簡報圖表當中，簡單的標誌出需要說明的重點，透過這樣的小小動作，對於簡報時就能夠有極大

的助益，觀眾也容易理解簡報的要點。

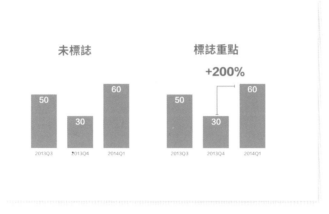

同樣，在許多時候，當我們在準備簡報、收集資料時，可能拿到的圖表數據是圖片檔案，或是無法直接修改的檔案，必須重新輸入數據資料製作簡報，理想情況下，當然是重新製作圖表數據，這樣方便我們在各種情境，搭配簡報需要，隨時可以依據簡報目的，篩選適當的數據、過濾多餘的資訊，調整簡報圖表設計！

例如下列左圖：原先的圖片過小，放大圖片會過於模糊，加上圖片中的次序、排列不夠清楚，我們可以將圖片重新設計排列如下方右圖：

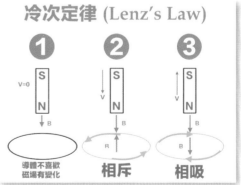

經過重新編排設計，讓簡報的資訊更為清晰，也更容易理解！

不過並非所有簡報都有足夠的時間、能針對每張簡報都能夠花費許多時間製

作、修改，如果遇到這種情況時，建議搭配「標誌特別處」的技巧！

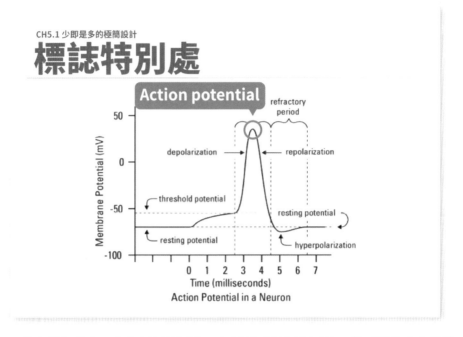

　　許多學術論文，會有類似的圖表，如果都重新製作圖片，就需要花費大量的時間，因此我們可以透過「標誌特別處」，將重點列出即可，這樣不僅方便簡報製作，也可以凸顯簡報的重點！

　　即便遇到圖片模糊、解析度不夠，或是資訊很複雜的圖表，其實只要簡報者先思考簡報訴求，釐清重點，並使用「標誌特別處」的方法，依舊可以凸顯出簡報重點！

5.2 光有圖表不夠，適當才重要！

　　圖表不僅可以提升簡報作品的質量，讓觀點更加具有說服力，但若是的使用圖表類型不恰當，則有可能造成數據更難理解，因此選擇正確、精準的圖表類型，是在運用圖表時首要之務，不同的數據類型在表達數據方面有不同的作用，在此針對三種常見的圖表：**長條圖（或直方圖）、圓餅圖、折線圖**，作說明：

📝 5.2.1 長條圖 & 直方圖適用情境

　　長條圖和直方圖，大家常常以為是一樣的圖表，其實是有些微不同：

　　長條圖：以長條狀圖形高度或長度代表資料量的統計圖形，又稱 bar chart，其中各長條間並不一定有直接相關性。

　　直方圖：以長條狀圖形高度代表資料量的統計圖形，又稱 histogram，其中各相鄰長條間資料，彼此具有連續、相關性。

　　「直方圖」和「長條圖」最大的差別是，為了表示資料的連續性，「直方圖」的長條是連續、緊密貼近的。

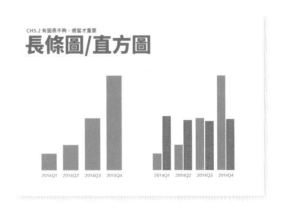

　　在歸類統計資料時，根據資料的連續性，我們可以將資料分為兩種類型：不

連續資料（或稱「類別資料」）和連續資料。**「類別資料」**之間沒有大小、高低、好壞等的分別；例如：性別、居住區域、喜好的顏色等都是類別資料。「長條圖」通常是表示「類別資料」分布情形最常用的統計方法。因為類別之間只有「同」與「不同」的差別，所以類別在「長條圖」中的安排並沒有一定的順序。

「連續資料」之間通常有大小、高低等的差別。例如：如果我們將身高從 100 到 109 公分定為第一類，110 到 119 公分定為第二類，120 到 129 公分定為第三類，則這些類別之間就有一種「順序性」存在。

不過無論是長條圖或是直方圖，都是易於用來比較各組數據之間的差距。一般來說，視覺上「長度、面積」比較容易比較大小，所以當需要比較大小、差距時，可以透過長條圖、直方圖來看數據的「相對大小」！

📝 5.2.2 圓餅圖適用情境

相較於長條圖、直方圖，圓餅圖也是在簡報圖表當中常使用的圖表形式，這些都是常用來呈現數據比較、比例的方式，但是圓餅圖則更適合用於**「代表整體」**，透過完整的圓形，代表整體概念，而以圓形的面積角度來表現「整體與部分的比例」，如下圖當中：

長條圖、直方圖雖然可以看出大小比例以及差距，但是視覺上，比較不容易一眼就看出，各自占整體的比例為何，而圓餅圖就正好彌補這個問題。因此只要跟「整體比例」有關係，都可以用圓餅圖的圖表形式作為表示。

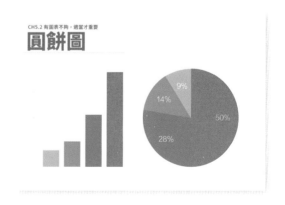

不過有些情況，例如比例非常相近時，圓餅圖的比例是會有視覺上的陷阱，因為在簡報當中，圓餅圖呈現時，是有高度、遠近的差異，當數據比例很接近時，

有時候不容易一下子看出差異，反倒是使用長條圖、直方圖來得更直覺！

5.2.3 折線圖適用情境

折線圖可以顯示一段時間的
連續資料、對照一般比例設定，
因此很適合顯示相同時間間隔或
一段時間的資料趨勢。視覺上，
折線線條的方式，較易描繪方向、
表現趨勢，因此特別適合用折線
圖來看「**變化**」、「**走勢**」，例

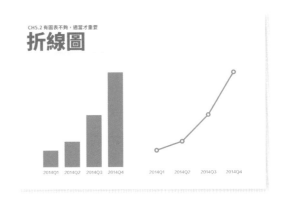

如類似的標題：公司盈利「逐年成長」、用戶「成長」數、股市「趨勢」等，相
關的數據圖表，都很適合使用折線圖的方式作為表現！

拿折線圖和長條圖、直方圖對比的話，從上圖當中，可以更容易看出
2014Q1 ～ 2014Q4 的營收趨勢，但是長條圖、直方圖則比較容易看出比例、差距！

不過折線圖雖然可以看出**趨勢**，但是也有其適用性，一般來說，折線圖比較
適合「連續性」的數據資料，常用錯誤的運用方式，是將折線圖運用在非「連續性」
的數據資料，例如下圖：

乍看之下好像沒有什麼問
題，但是若仔細探究折線圖的意
涵，此圖就有點怪怪的了！折線
圖代表的是「趨勢」、「變化」，
圖中所呈現的是「紅茶」、「綠
茶」、「珍珠奶茶」和「咖啡」，
並非像上圖中呈現的是 2014Q1 ～
2014Q4 連續性資料，透過折線圖

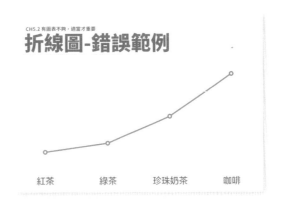

呈現 2014Q1 ～ 2014Q4 的營收變化、趨勢非常適合，但是若是以折線圖呈現「紅茶」、「綠茶」、「珍珠奶茶」和「咖啡」各個項目的「趨勢」、「變化」就非常奇怪，紅茶、綠茶之間並沒「連續」的特型，從紅茶變化到綠茶的數量，解釋上也怪怪的，因此若數據資料非連續性時，則會建議應該要用「長條圖、直方圖」，而非以「折線圖」的方式，會是更好的選擇！

各種圖表類型本身並沒有好壞之分，只有適合與不適合，採用何種圖表類型，還是要觀看簡報目的、訴求重點，並非有放置圖表在簡報當中就是好事！現在簡報軟體越來越方便，內建的圖表類型也越來越多元化，建議大家在使用簡報軟體時，可以多多嘗試不同的圖表類型，同樣數據在簡報圖表設計中，只要選擇一下不同的圖表類型，就可以看到不同的呈現方式，即可依據簡報想要訴求的重點，去挑選適合的圖表呈現！

不過也要提醒大家，現在簡報軟體的功能越來越強大，也內建許多複雜的圖表，很多人都會想要使用「不一樣」的圖表，嘗鮮看看，但是別忘了，簡報最重要的目的還是在於溝通、說服，運用平常大家常見、熟悉的長條圖、圓餅圖、折線圖，大致上就能夠解決許多簡報中常見並需要強化數據的狀況，因為常見，大眾反而不用重新認識、學習新的圖表，在聽取簡報時，不用花費更多時間去認識新的圖表，能夠專心讀取講者簡報，這樣反而更有助於理解簡報內容，不會因為複雜的圖表，而分散專注力！

打造個性化圖表

很多概念我們都可以靠分類法來找到適合的圖表，但是即便有了這樣的工具，我們還是有機會碰到更複雜的概念與更麻煩的資料，這時候我們可以再透過視覺元素的交錯搭配來製作更有效率的圖表變形，甚至設計出全新類型的視覺圖表。

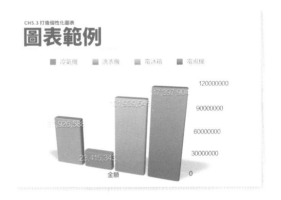

不過在開始之前，依舊會建議大家如非真的數據圖表展示需要用到散布圖、橫條圖等較為複雜圖表，否則還是建議採用常用的長條圖、直方圖、圓餅圖和折線圖即可！

上圖是我們在簡報軟體中常見的預設圖表，不僅有著各種色彩，又有立體、陰影等裝飾元素，若要打造個性化圖表，就必須先「返璞歸真」！現在簡報軟體太方便，很簡單就能打造出各式各樣的圖表，以及特殊效果（立體、陰影、手繪）等，但是這些是否真的有幫助觀眾理解簡報內容，其實才是我們真正關注的，就像現在科技越來越發達，各種便利的科技、產品、資訊等充斥我們的生活，但是我們是否真的需要？還是只是「想要」呢？

許多學生都會問我如何讓簡報設計得更「炫」一點？簡報要設計的更「炫」，太多方式可以達到，但往往我都會反問一句：這樣真的是大家想要的嗎？真的是有助於群眾理解嗎？若有，當然很值得在簡報當中多花心力和時間做設計、加強，

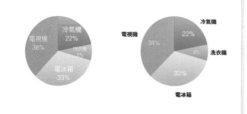

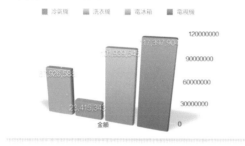

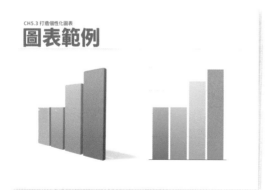

只是大部分簡報軟體當中，許多的裝飾元素，其實是多餘的，不僅無法真的有效幫助理解，更可能太花俏而混淆視聽，以下三種元素建議可以去除：

許多簡報圖表會喜歡使用 3D 立體、陰影效果，看起來圖表很炫、很厲害，但圖表數據轉換成立體形狀後，加上傾斜的角度問題，往往會讓最左邊的柱狀體看起來較短小，以左圖為例：

藍色和綠色的數據是一樣的，但因為立體效果的視角問題，反而讓左邊內側，看起來較為短小，此外視角問題也會造成右側最前端與左最側的視覺比例，不易比較，反而單純使用 2D 平面效果，可以讓觀眾更快速理解藍色、綠色是一樣的數據，也更容易看出相關比例。因此在打造個性化簡報前，會建議大家先依循下列三個步驟，將圖表「返璞歸真」！

「**清除雜訊**」：將圖表預設的立體資訊、陰影等效果都去除，並免無謂的設計雜訊，干擾觀眾的理解以及注意力！

「**去除顏色**」：通常簡報軟體，當我們插入圖表時，都會依據我們的簡報母版預設顏色，將圖表加上顏色，可以在一開始先將圖表顏色改為灰階顏色，在視簡報重點著以顏色！

「**調整間距**」：當上述兩步驟完成後，可以將圖表當中的形狀調整適當的間距，尤其是長條圖、直方圖類型，柱狀體不宜過細，但也要避免太多數據全部擠在一起的窘境！

如同下圖修改：

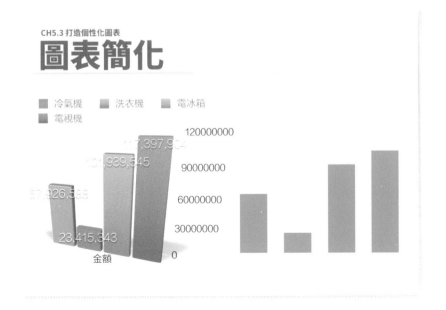

接著再依據下列步驟，依序將重點一一呈現在簡報當中：

首先先將圖表的重點座標標示出來：

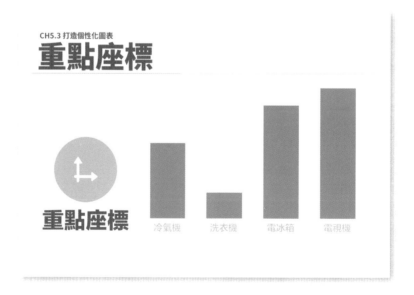

這個動作看起來很簡單，但是往往我們在設計圖表時，非常容易忽略，且看下圖比較：

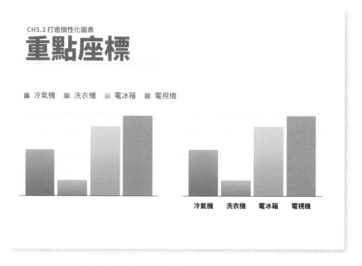

許多圖表都會像上圖左側，標示出「座標說明」，這本來是非常好的用意，方便大家比對，但是有時候數據一多，或者擺放的距離不適切時，反而會需要讓觀眾花時間去找每一個元素對照，建議不如直接在「座標說明」放在每一個圖形下方，會更能夠直接辨識，將原先預設的「座標說明」去除，不用在同一個圖表當中，有兩個說明！

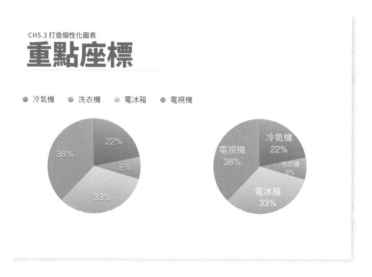

同樣在圓餅圖設計，也是同樣的道理，「座標說明」看似清楚，但是用在圓餅圖上，則更容易讓觀眾花費時間再對照上，反而不如直接將文字說明標示在圓餅

圖上，當然圓餅圖會有一個更大的問題，當分類的項目多於五項後，直接在圖表上加上文字，就會變得非常雜亂，這時候可以將文字，標示在圓餅圖周圍，則是較好的做法！

「座標說明」若能夠越接近圖表中的圖形，其實是更能夠讓觀眾快速理解，所以不要只是使用預設的「座標說明」，才能讓圖表發會更好的說明效果以及幫助理解！

緊接著在圖表當中標注「核心」數字：

一般簡報軟體當中，都會有個功能可以在圖表當中標注數字，但若是數字較大時，就會造成如下圖數值全部擠在一起，不僅不易閱讀，還容易混淆！

重點座標

單位:百萬

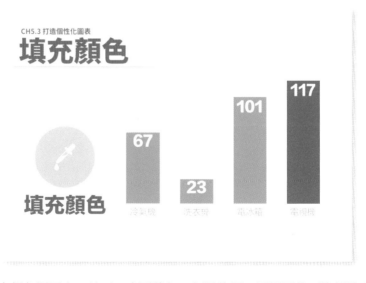

這時候可以適當的調整數字,將數字精簡並標注單位,這麼一來就會更為清楚,甚至有時候並不需要每個項目都標注數字,只要標注出重點、核心數字即可。重點還是要回歸到簡報的訴求重點,而不是一味的將數字、圖表放置於簡報當中就好!

最後只要針對簡報訴求重點,標注顏色即可:

填充顏色

填充顏色

冷氣機　洗衣機　電冰箱　電視機

在圖表顏色運用上,並不一定要將每一個長條圖、圓餅圖的區塊都填上顏色,

只要根據簡報所要說明的重點、要項填上色彩即可，這樣更能夠讓簡報的訴求凸顯，讓觀眾更能夠快速理解圖表中所要說明的重點與核心數字！

📝 5.3.2 圖示強化數據理解

先前已經提過在簡報當中加上圖示，不僅能夠增加簡報設計的質感，也能透過圖示視覺化，幫助大家理解簡報，同樣，我們也能夠將圖示運用在簡報圖表設計，增添圖表的說服力與視覺效果，舉左圖為例：

同樣的三個圓餅圖，在沒有文字說明的情況下，因為最右邊的圓餅圖當中使用圖示的元素，即便沒有文字說明，大家也可以快速的理解該圓餅圖和「手機」、「手機電源」或「行動裝置」具有相關性，當講者尚未說明時，觀眾透過視覺便能夠有初步的理解，因此我們在簡報圖表設計當中，也可以適當的加入圖示的元素，作為圖表視覺強化效果！

例如我們可以先將圖表「座標說明」部分，由文字改為「圖示」方式：

不過使用「圖示」的方式，最需要注意的就是「圖示」適切性，不適當或是不容易辨識的圖示，反而會使得簡報更難以理解！

同樣，我們也可以運用圖示方式，將圓餅圖稍作改造，在每一個區塊上加上圖示，這樣一來，便能夠讓圓餅圖更為直覺辨識每個區塊代表的意涵，甚至進一步，可以將重點圖示標注清楚即可，更容易凸顯出重點！

當然也可以只要強化重點圖示，不一定要將所有的項目都放上圖示，過多的圖示、資訊對於簡報本身並沒有好處，適當以及切中所要表達的重點，才是真正好的簡報設計！

此外有時候也不見得需要一定用長條圖、圓餅圖的形式，我們還可以稍加變化：

右圖當中，我們進一步將長條圖的圖形方式，轉換為圖示的呈現方式，使得圖表數據更為視覺化、直覺性。

設計上操作其實也不會非常困難，讓我們來看看簡報設計當中要怎麼處理：

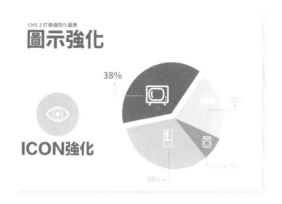

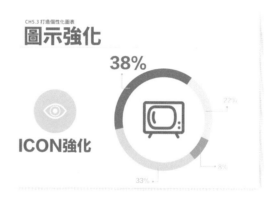

PowerPoint：

在 PowerPoint 軟體中，如果要變換長條圖的形狀、樣式，其實非常簡單：

1. 插入一個任意形狀，點選該形狀後，選擇「複製」或 Ctrl+C。

2. 點選圖表中的柱狀體，然後「貼上」或 Ctrl+V。

　　如此一來就可以輕鬆做到！如果想要更特別換上圖示的方式，可以使用同樣技巧，複製、貼上，即可！

不過各位可能發現，複製貼上後，圖示的形狀變形了，這樣因為預設的效果是「延伸」，只要我們在「填滿」效果當中，選擇「圖片或材質填滿」，並將預設的「延伸」效果改為「堆疊」即可！

預設為「伸展」效果

Keynote：

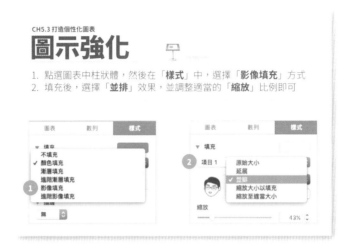

在 Keynote 當中，目前不支援直接使用「形狀」的方式，如果需要改為三角形等不同形狀，必須先將形狀製作成圖片，再依照下列步驟進行：

1. 點選圖表中柱狀體，然後在「樣式」中，選擇「影像填充」方式。

2. 填充後，選擇「並排」效果，並調整適當的「縮放」比例即可。

除此之外，我們還能夠透過「色塊」的形式來作為圖表數據的設計，例如左圖當中，我並沒有使用數據、圖表的方式，而是透過色塊的方式呈現比例大小，在著以圖示的方式，強調所要說明、訴求之重點！

這樣的方式最大的好處是製作快速，有時候若製作簡報時間不足時，不一定要輸入數據資料，只要透過圖表形狀即可以凸顯大小比例的差異性，將重點說明清楚，若真的需要再附上詳細數據的補充資料即可！

透過圖示、色塊、堆疊的方式，都可以創造出不同的個性化圖表，不過無論怎樣的變化，還是要回歸到「觀眾理解」的簡報核心價值，千萬不要只是追求簡報設計，反而讓太多裝飾性元素，混淆了觀眾視覺、降低理解，這樣就可惜了！

5.3.3 圖像強化視覺效果

有時候在簡報過程當中，大家可能有過一種經驗，簡報過程表現得不錯，數據、分析、邏輯也無懈可擊，客戶也頻頻點頭，但最後卻無法成交，影響簡報成交的因素當然有許多要件，雖然有時候講得很好，但是可能沒有「關係」，當然就無法成交！屏除這些「人為」因素外，在圖表數據部分，還是有我們可以努力的地方！

先前我們在圖表設計上，增添圖示方式，已經能夠讓原本平淡、枯燥的圖表多些變化元素，但是圖表如果只有數據、圖示，仍舊顯得「理性」了點，如果我們可以在原先的圖表設計加上適切的影像圖片，則可以為數據圖表添加些許的「感性」元素，讓數據更有說服力與感染力。例如下圖：

上頁圖例當中，我們使用影像圖片作為背景，該圖片呈現出一種具有未來展望的感覺，當我們在說明此簡報時，有別於只是單純的圖表數據、圖示，透過影像的視覺傳達，更能夠感染現場！所以建議在重要的簡報場合當中，在關鍵的簡報頁面、數據部分，可以花費點時間，挑選張適合具有感染力、說服力的照片，絕對能夠事半功倍，創造出強而有力的溝通、說服簡報效果！

數據表格優化，精準呈現訊息

　　圖表圖表，我們先前已經談過「圖」，接著要來談談「表」，「表」即一般提到的「表格」，表格也是簡報當中常見、不可或缺的元素之一，相較於「圖」，表格呈現的數據更多、也更為複雜，當然也就更容易分散大家的注意力，或是不知道講者真正要表達的重點資訊！我們在第三章已經提過，可以使用顏色、色塊等方式凸顯出重點，在此我們進一步將表格的設計再加強變化！

　　現在的簡報軟體，製作表格十分的便利，也提供許多表格配色、樣式，因此我們可以常常看到如下圖的表格樣式：

壹、活動期間疏運規畫

活動日期	活動場地	方向	平日例行班次	天燈節開行班次	較平日增加班次
2月22日	菁桐國小	上行	17	21	+4
		下行	17	20	+3
2月27日	平溪國中	上行	17	39	+22
		下行	17	36	+19
3月5日	十分廣場	上行	17	36	+19
		下行	17	35	+18
			合計		+85

上行：瑞芳→菁桐
下行：菁桐→瑞芳

　　這是使用簡報軟體中預設的表格樣式，雖然表格看似加上顏色、欄位區隔，可以讓簡報資訊更清楚，但我們如果仔細讀這份表格數據，便會發現，重點部分，反而沒有以顏色提示，而是融入在標題區塊裡，當然不容易一下就受到關注和理

解，也無法凸顯出重點資訊！有人或許會有個疑問，標題難道不是重點嗎？欄位的說明不也是重點之一嗎？的確，這樣都對，只是雖然標題是重要需要說明的資訊，但以簡報而言，我們應該更著重在於簡報本身希望達到的訴求目的，從這個角度去思辨，我們真正需要呈現的重點為何？

以此簡報為例，我們在簡報時，真的目的應該是在於「說明數據」，而非說明「標題」，因此，在簡報設計上真的需要凸顯的是「數據」，而非標題，我們可以依據下列步驟，作為修改表格的依據：

5.4.1 善用灰階色，避免干擾觀眾視覺

雖然簡報軟體本身都有提供表格樣式，但是因為表格通常有較多的數據，同時又搭配顏色交替，乍看之下視覺效果不錯，但是卻不見得能夠凸顯重點，當我們在簡報時，無法有效將重點凸顯於簡報當中，就等於完全沒有重點，大家無法在簡短的簡報時間馬上就抓住重點，更遑論理解簡報表格裡要傳達的數據重點，當然也更不可能達到有效溝通、說服之效！

所以在面對數據較多、資訊較複雜的表格時，我們可以先透過改變顏色的手法，將表格改為灰階色調。為何要先改為灰階色調呢？因為人類的視覺會很自然、自動對於灰階色調的事物，降低關注度！這時你會覺得奇怪，我們不是應該將表格重點凸顯吸引注意嗎？為何是先改為灰階色調，降低注意度呢？

壹、活動期間疏運規劃

活動日期	活動場地	方向	平日例行班次	天燈節開行班次	較平日增加班
2月22日	菁桐國小	上行	17	21	+4
		下行	17	20	+3
2月27日	平溪國中	上行	17	39	+22
		下行	17	36	+19
3月5日	十分廣場	上行	17	36	+19
		下行	17	35	+18
				合計	+85

上行：瑞芳→菁桐 / 下行：菁桐→瑞芳

這樣的作法，並非是要讓簡報降低重要性，而是為後面要呈現的簡報重點，

所做的「對比」的準備；當整份表格都為灰階顏色時，只要我們適度在重點欄位、數據加上彩色顏色，就容易在灰階色調中凸顯而出！

5.4.2 釐清重點，標注顏色

將簡報調整為灰階色之後，並不會影響標題閱讀的重要性。接著就可以依據簡報重點，直接將重點加上適當顏色：例如：Logo 主色或是一般常見、常用的紅色，凸顯重點！

此外若是要在簡報當中強調「上行」、「下行」，我們也可以將表格分別上色，使得說明更為明顯！

壹、活動期間疏運規畫

活動日期	活動場地	方向	平日例行班次	天燈節開行班次	較平日增加班
2月22日	菁桐國小	上行	17	21	+4
		下行	17	20	+3
2月27日	平溪國中	上行	17	39	+22
		下行	17	36	+19
3月5日	十分廣場	上行	17	36	+19
		下行	17	35	+18
				合計	+85

上行：瑞芳→菁桐 / 下行：菁桐→瑞芳

在表格當中加上顏色時，需要特別注意幾件事情：

第一、表格當中的**顏色不要超過三種**，避免顏色過多，造成視覺紊亂，非但無法達到重點凸顯的效果，反而弄巧成拙！

第二、**顏色適當性**：雖然紅色是可以凸顯重點、讓說明更為清晰，但是在某些情境，例如業績報告，有時候，紅色數字是代表業績下跌，但是在股市使用時，紅色又是代表上漲、綠色代表下跌，因此在某些特定的使用場合，要特別注意表格中數據顏色使用的適當性！

5.4.3 輕鬆快速，用色塊說明重點

　　雖然上述介紹了透過灰階色調、標注顏色的方式，可以快速凸顯表格重點，但是往往在製作學術簡報、職場簡報上，我們手邊拿到的簡報資料，可能是圖片的檔案格式，或是根本沒有時間修改表格，拿到資料就馬上需要上場簡報，這時候怎麼辦呢？

　　例如下圖，圖中的圖表、數據都是圖片格式，並非是簡報中的表格，可以直接編輯顏色、文字大小！

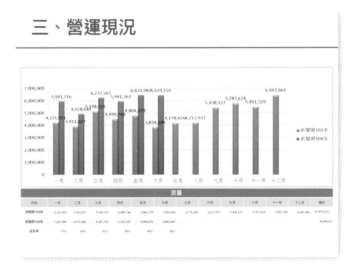

　　在時間允許的情況下，重新輸入數據、製作新的圖表，當然是最好的選擇，也更能夠依照講者所希望呈現的方式，標注顏色，凸顯重點，但若是真的沒有時間修改時，建議大家可以嘗試運用「色塊」以及標注「顏色」的方式，來作為最簡單的表格數據改造！

　　我們可以先分析數據中，想要凸顯的重點，然後運用色塊的方式，直接在圖表數據上標示，例如我們想要呈現「平均成長率達到 57%」，那麼可以將簡報改為下頁形式：

三、營運現況

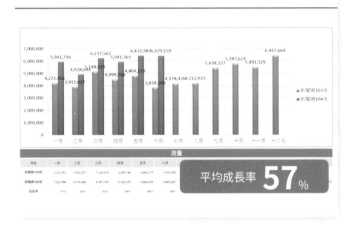

若是希望凸顯「今年三月較去年三月，成長率成長最高」，則可以改為：

三、營運現況

　　透過「色塊」以及標注「顏色」，就可以幫助我們在簡報呈現上，將重點凸顯；雖然看似簡單、甚至不一定美觀，但是從這個例了當中可以看出，「圖表數據」類型的簡報，重點並非僅僅在於簡報如何設計，而是在於簡報數據如何「解讀」！

　　許多人遇到圖表數據較多的時候，往往都只是將資料塞入簡報當中，就上場直接簡報，這是最普遍見到的現象；另外則有一派，希望讓簡報圖表數據呈現美

美的，而使用許多圖形結構（例如 PowerPoint 中的 SmartArt 功能）或是許多的簡報版型，但是卻忽略「圖表數據」所代表的「意涵」、「重點」，沒有真正的去「解讀」圖表數據，未能精煉出資料所要呈現的真正關鍵重點，甚或者在簡報時，只是將圖表上的數據，全部「宣讀」一遍，卻未進一步解說簡報數據背後的代表的意義。沒人會對「照本宣科」的數據資料感興趣，製作簡報需要的是，經由講者解讀、分析過後的數據圖表資料，從所見的數據資料中意味著什麼？未來決策時，應該以何者作為依據？為何計畫要如此進行，數據給予的支持論點為何？

因此講者在面對圖表數據類型的簡報時，應該先「解讀」、「分析」數據圖表，釐清想要闡述的重點，以及看到這數據會有的問題、疑慮；也就是我們先前在第三章時提到的「話重點」，當確立要「說明的重點」後，再根據想「說」的重點而「畫」重點！這時候便可以使用「色塊」、「顏色」的技巧來設計簡報，將想要說明闡述的重點凸顯，這樣就能夠有效做到簡報傳遞重點、溝通說服之效，否則只是一味使用圖表樣式、版型，將簡報設計得漂漂亮亮，而無法夠真的幫助大家理解、吸收簡報內容，甚至造成反效果！

另外當我們使用「色塊」、「顏色」標注圖表數據的重點時，若能夠再搭配簡單的「動畫」，讓資料依序呈現，透過動畫的視覺動線設計，引導大眾的注意力，則可以讓簡報數據時，更為生動、有效！接下來在第六章，將介紹一些實用的動畫效果，幫助我們簡報時，更為加分！

ANIMATION
動畫場景篇

簡報設計中，動畫絕對是一個很容易為演示、效果加分的選項，不僅能滿足大家對於視覺上的動態效果和需求，同時，還具有許多重要功能，例如：透過動畫視覺呈現，可以幫助說明，讓簡報邏輯、論述更為清晰；也可以透過動畫效果，引導觀眾的視覺焦點、注意力！但是正所謂「水能載舟、亦能覆舟」，動畫運用適當、適度，能夠有很好的加分效果，反之，不僅不能夠使觀眾理解，有時候還因為動畫效果，使得簡報流程不順暢，大大扣分，也是常見的窘境！

我個人其實不建議在簡報中，使用過多的簡報動畫，多年的授課經驗裡，發現許多剛接觸簡報設計的學員，大都偏好在簡報上，設置許多動畫效果，每每授課結束後，最多學員提問的就是剛剛的動畫效果是如何做到的？還有沒有更炫的動畫效果？或是有沒有推薦使用什麼動畫效果？我通常都會回答：「動畫不是設計簡報最重要的……」當我話還沒有完全說完時，就可以看到學員眼神中的落寞，似乎簡報少了動畫，一切就變得毫無意義！

現在的簡報軟體實在過於方便，內建許多動畫效果，很容易讓人不自覺就陷入動畫的陷阱當中，花費許多時間在挑選、測試簡報的動畫效果，結果卻很可惜，簡報並沒有因為增添動畫效果，讓簡報加分，甚至多數情況是扣分！

究竟怎樣的動畫才能夠真正助益於簡報？這個問題的關鍵不在於「動畫形式」，而是應該關注於「動畫」是否有幫助觀眾理解、聚焦，如果可以達到這樣的效果，使用的動畫效果，就是好的！

因此接下來我會就幫助觀眾理解、聚焦的角度出發，挑選、推薦幾種常見、常用的動畫效果，供大家參考！

6.1 「依序出現」動畫，創造聚焦吸睛之效

「**依序出現**」動畫效果，最常見的簡報運用，大多放在「大綱」、「條列」說明時，例如右圖簡報：

簡報三要素

① 邏輯架構　② 簡報設計　③ 演說技巧

這張簡報看起來沒有什麼太大的問題，簡潔有力，不過我們試想一個情境：如果這張簡報放在開場時，向學員說明「簡報三要素」，一開始就將所有「底牌」掀出，這時候可能就會遇到一種情況，大家已經知道講者接下來的內容會講什麼！甚至還有可能遇到觀眾「自以為」知道講者後面的演說內容！簡報過早揭露過多的資訊（雖然這張簡報資訊已經很簡潔），會讓台下失去期待感，間接分散了專注力，反而不是讓大家聚焦在講者所要說明的重點上。

如果我們將這張簡報稍稍調整，讓重點「依序出現」，每次講解時，只出現一個項目，這樣不僅能夠讓觀眾更為專注在當下所說的重點，也能夠營造出「期待感」，因為未知，所以可以讓人更期待接下來的內容！

動畫場景

　　在上圖範例當中，我們將原先的一張簡報，拆解成為三張簡報，依序出現。由此可以發現一件事情，即便有時候很忙，沒有時間設定動畫，或者對於簡報軟體操作不熟悉，每次設定動畫都需要花費許多時間，其實大可不用一定要設定動畫效果，可以直接將原先一張簡報，拆成三張，這樣在切換投影片時，依舊可以達到「依序出現」的簡報動態效果！這個方式甚至比動畫更為直覺、更易於使用！

　　不過既然談到動畫，不免在此還是推薦幾個常用並且效果不錯的動畫效果，供大家參考！（因簡報軟體各版本會有些翻譯或功能差異，以下均以 Microsoft PowerPoint 2016 & Mac Keynote 7.0 以上版本為例！）

　　PowerPoint 中可以選擇「縮放」之動畫效果，此動畫效果普遍存在 PowerPoint 各個版本當中，所以最為推薦！

Keynote 中則建議選用「翻轉」之動畫效果，該效果有類似「翻牌」的效果，隱藏答案揭曉的感覺！

其實關鍵不在於選用何種動畫效果，目的是讓物件逐一顯現，每按一次簡報筆時，秀出一個物件，不要一次顯示全部即可，只要是符合這樣概念即可！

另外特別建議，動畫顯示的秒數，盡可能設定 0.5 秒，不要超過 1 秒為原則（部分動畫效果例外），因為一般在簡報時，1 秒鐘的動畫，就會出現一個「等待」的片段，如果剛好是章節、重點停頓，倒是還好，但是若像此例，每個物件出現時，

都等待 1 秒，就容易感覺到太多的「停頓、等待」，過多的動畫停頓時間，反而會讓觀眾失去耐心，千萬不要小看這短短的 1 秒鐘時間，即便是有經驗的講者，在進行簡報時，都很容易因為這 1 秒鐘的簡報切換時間，而停頓，造成簡報與動畫之間的搭配不夠順暢喔！

　　同樣「依序出現」的概念，也可以適當運用在圖表簡報裡，一般來說我們常見的圖表簡報，都是直接將所有數據顯示在簡報當中，這樣一來觀眾一次就會接收到許多的資訊，容易分散注意力！

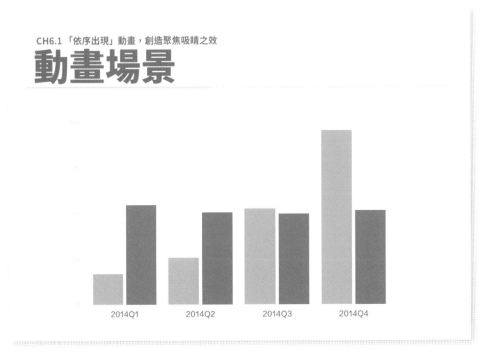

　　以上述圖表案例，我們可以讓簡報的圖表數據，「依序出現」，這麼一來觀眾就會更聚焦於講者所陳述的數據，例如右頁所示：

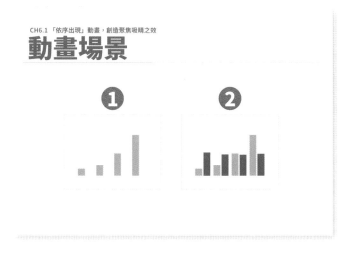

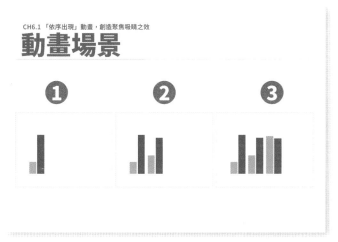

　　這兩種呈現方式，並沒有哪種方式比較好，主要還是要看講者所要說明的重點，這也是我們一直不斷強調的設計要點，簡報設計並非只是好看，而是要根據目標群眾的需求，來設定講者想要說明的重點，並且依據想要說的重點，作為簡報設計的基礎，也就是我一直強調的「說重點、畫重點」！因此這兩種數據呈現的方式，無論是使用哪種方式，都要看講者所要表達的數據重點，沒有哪種是好的方式，只有最「適當」的呈現方式！

接著我們來看看類似這樣的動畫效果，在簡報軟體中要如何設定：

PowerPoint：

1. 先點選要設定動畫的圖表！這邊要特別注意，是要點選長條圖中的柱狀體，而非點選整個圖表的外框喔！

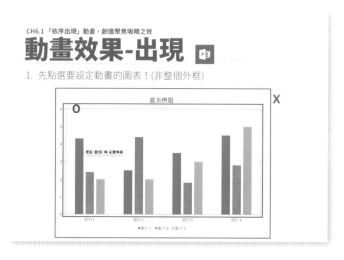

2. 在〔動畫〕索引標籤的〔動畫〕群組中，選擇「出現」效果！

3. 在〔效果選項〕中可以選擇依〔數列〕、〔類別〕等選項。

Keynote：

1. 在〔動畫效果〕中，選擇「移除」效果！
2. 在〔播放方式〕中，可以選擇依照〔數組〕、〔數列〕等方式。

　　最後還是特別強調，上述「依序出現」中所用到的「出現」、「消除」等動畫效果，並非一定的準則，大家可以依據需求、喜好，調整動畫效果以及呈現的方式。不過，無論怎樣的變化，重點都在於「依序出現」，能夠幫助講者說明重點，幫助觀眾聚焦，才是簡報設計的真正要義！

6.2 「時間軸」動畫，強化邏輯次序

　　什麼是「時間軸」動畫？何種情況可以應用呢？例如當我們要說明「簡報準備流程」時，會「依序」說明：第一、先完成簡報「邏輯架構」；第二、針對內容資訊，進行「簡報設計」；第三、最後上台前「演練準備」！

　　和前述「依序出現」很類似，但是不同的是上圖簡報當中，多了「一條」箭頭，意涵著「依序」、「時間軸」的概念，如果我們單純使用「依序出現」的動畫效果，其實就已經足夠，但是如果我們還希望進一步強調「時間軸」概念，可以先讓簡報的「箭頭」出現後，透過「箭頭」的視覺引導，讓大家有一個「時間」、「次序」的概念後，再依序出現物件逐步說明，會讓大家的印象更為深刻！

除了讓「時間軸」先出現在簡報當中，我們還可以進一步搭配「擦去」或「消除」動畫效果，使「箭頭」由左而右，漸漸出現。如果在簡報當中，「畫出一條時間軸」，如此一來就可以產生視覺動態，引導觀眾視覺注意力。

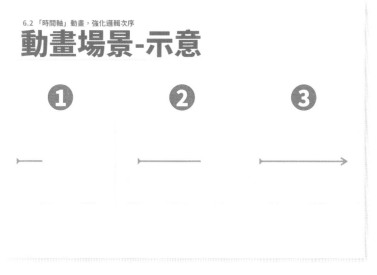

PowerPoint 中可以選擇「擦去」之動畫效果！

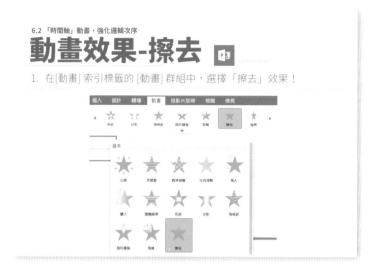

Keynote 中同樣的動畫效果名稱則是「消除」，不要選錯喔！

　　透過「時間軸」動畫呈現，無論「水平」、「垂直」或是「圓形」都可以運用此動畫作為視覺動線引導，再搭配接下來每個物件出現於不同的時間點以及相應的事情，依次重複，直到最後一個時間節點，就可以讓觀眾更為聚焦在說明的物件上！常見的進度報告、事件發生始末等和「時間次序」相關的簡報內容，都可以嘗試使用喔！

6.3 「運鏡場景」動畫，簡易吸睛又驚艷

「運鏡」是攝影中專業術語，指利用攝影機鏡頭或機身在位置上的改變，以引導或改變觀眾的注意力。當我們在簡報中設計動畫時，同樣也有異曲同工之妙，透過簡報動畫切換，能夠切換不同的視覺效果，經由動畫切換，創造出視覺動線作為引導觀眾注意力！

這邊我們將介紹運用「電影場景」的運鏡概念，作為簡報動畫切換設計的基礎概念，首先我們將不再只是單獨的以「一張」投影片為設計主軸，而是將許多張投影片結合起來，每一張簡報，當作是一個「電影場景」，透過「運鏡」中最基本、常用的橫搖（Pan）、直搖（Tilt）兩種運鏡手法，將簡報從一個場景（投影片），帶動到另一個場景（投影片）。

上圖中，可以看見原先的風景照片，採用全景的方式攝影，既壯闊又有意境，

左邊的男子遠眺景色，透過鏡頭訴說風景的優美與故事，若是我們將這樣的照片，塞到一張投影片當中，雖然可以看到照片的全景風貌，但是上下就會留白，猶如一般 16：9 的電影，如果在電視上看，上下就會是黑色的區塊一樣，雖然 16：9 高解析度的電影畫質更好，看見區塊更大，更能夠呈現出電影場景的氣勢磅礴，但是如果沒有在電影院觀看或是用適當的大屏幕電視觀看，就少了許多觀看電影的樂趣，反而達不到應有的效果！同樣的道理，全景的照片，當我們將照片硬塞到一張簡報當中，若不是用 16：9 的簡報格式，其實就難呈現出應有的視覺效果，再則即便是使用 16：9 的簡報格式，萬一遇到簡報場所使用的投影設備，並沒有支援 16：9，簡報效果一樣會打大折扣！這時候若能使用「電影場景」運鏡概念，就可以創造出很好的視覺效果！

橫搖和直搖是兩種最常見，而且經常一起用的運鏡技巧。橫搖：指水平（左右）移動鏡頭，直搖：則是垂直（上下）移動鏡頭，相對應到投影片切換的動畫，則是「推入／推出」切換效果！

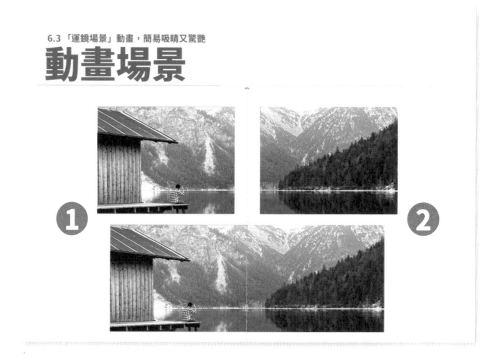

我們可以以將原先一張圖片，切割為兩張圖片，分別置入兩張投影片當中，滿版大圖的設計，可以讓圖片的細節、效果更為突出，接著就可以運用電影「橫搖」運鏡的概念，將鏡頭從左移到右邊，讓觀眾的視線由左到右，看到全景的照片，雖然看似切割成兩張投影片，但是透過「運鏡」的技巧，則可以讓觀眾感受到兩張投影片是一個整體，不會有切割、分散、片段的感覺！

PowerPoint 2013-2016：

1. 在縮圖窗格中，按一下您要套用或變更轉場效果的投影片。轉場效果即表示以設定的方式，從前一張投影片離開，並進入現在的投影片當中！在此範例中，如果將「推入」轉場效果新增至投影片 2，則代表以「推入」轉場效果離開投影片 1（離開前一張投影片），並進入投影片 2。

2. 在〔轉場效果〕索引標籤中，找到您要在〔推入〕效果。

3. 按一下〔效果選項〕，以變更切換發生的方式，例如從哪個方向投影片進入。此範例為全景照片，我們希望是透過「橫搖」的運鏡概念作為動畫轉場效果，因此請在〔效果選項〕中選擇〔自右〕，代表自右離開第一張簡報，進入第二張簡報！

6.3 「運鏡場景」動畫，簡易吸睛又驚艷

動畫效果-推入

2. 按一下 [效果選項]，並選擇 [自右] 切換效果！

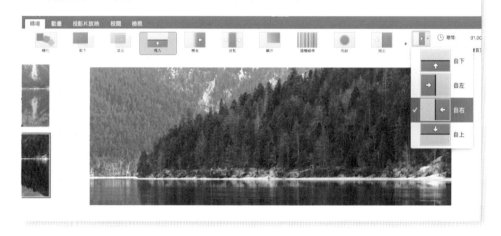

PowerPoint 2007,2010：

在較舊的 PowerPoint 軟體版本當中（2007, 2010），請在索引標籤中找到〔切換〕，而非〔轉場〕，其餘步驟則和上述 2、3 項一樣！

Keynote：

1. 在左邊導覽器中，按一下您要套用或變更動畫效果的投影片，轉場效果即表示以設定的
   方式，從目前投影片離開，並進入到下一張投影片！在此要稍微留意，和 PowerPoint 不
   同的是：當你選擇投影片 1，並且設定「推移」動畫效果，代表的是投影片 1（目前投影
   片）將以「推移」效果離開，並且進入投影片 2！

2. 在〔動畫效果〕索引標籤中，選擇〔推移〕效果，並且在細部選項中，選擇〔從右向左〕
   即可！

當我們熟悉「推入／推移」的動畫效果後，便能進一步將此運鏡概念，融合到其他圖表簡報的設計裡，例如常見的組織圖、魚骨圖、甘特圖，任何跟時間、流程有關的圖表，都可以運用「推入／推移」做動畫效果變化！舉幾個例子說明：

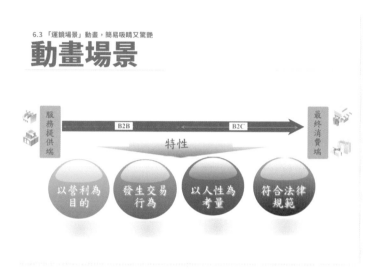

圖中我們可以看到 B2B&B2C 兩個部分，中間則有「箭頭」引導說明，從 B2B 延伸到 B2C 所代表的定義與特性，如果我們可以將電影場景運鏡概念帶入，則可以將此將投影片改為兩張，一張代表 B2B、一張則代表 B2C！

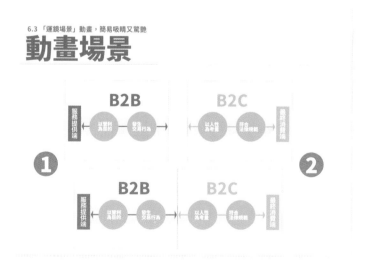

透過「推入／推移」動畫效果，由左而右，創造出視覺動線，不僅能夠引導觀眾注意力之外，更能夠因為動畫效果，強化觀眾的印象，提升理解力！

　　此外像是常見的組織圖亦可運用方式：

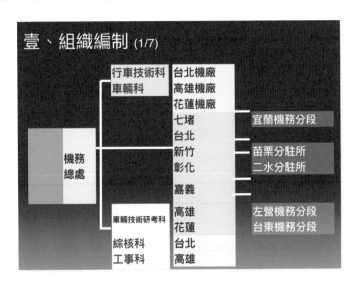

　　首先，先依照組織架構，依序將組織階層切割，分成三張投影片，如下：

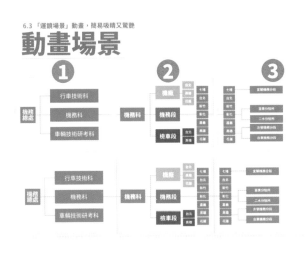

　　拆成三張後，每個階段的說明、文字都可以設定的更大、更明顯，讓觀眾更容易閱讀，同時透過視覺動線的引導，又能加強說明組織階層的概念！

除了「橫搖」之外，我們也可以嘗試「直搖」的運鏡方式，在投影片動畫效果部分一樣選擇「推入／推移」動畫效果，將原先方向從「左右」改為「上下」時間，例如：

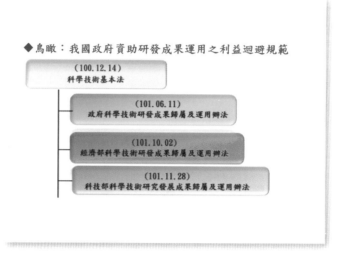

我們可以將時間軸切割，成上下兩頁的方式呈現，和前述「左右」方式大同小異，一樣運用視覺動線，帶動大家的注意力！

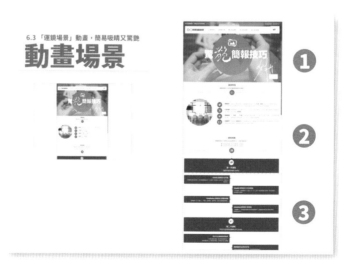

此外，有些時候，常需要在簡報當中，介紹網站或是網頁，通常我們都會將網頁截圖，直接塞到簡報當中，小型會議室還可以勉強看出個大概，但是若是稍

微中、大型教室、會議室，甚至是演講廳，視覺效果就會非常不好！

這時候電影場景的運鏡概念，正好就可以派上用場！我們先將網頁截圖切成三等份，運用「推入／推移」動畫效果，由上而下，就可以完整的呈現網頁！

熟悉上述「推入／推移」動畫效果後，接下來為大家介紹兩個範例，可以更進一步的將各個動畫整合運用！

首先我們來看看下列這個工作報告範例：

右面的簡報範例，是我們大多數人在職場上常見的簡報，超多的文字，一張接著一張，台下可能光聽到第一頁，就已經昏昏欲睡，其實我們可以透過「擦去／消除」搭配「推入／推移」動畫效果，創造出視覺動線，作為引導大家視覺注意力，達到更好的簡報效果！

趕緊來看看如何做到：

動畫場景

① **②** **③**

擦去/消除　　　依序出現　　　推入/推移

首先我們可以先使用「擦去／消除」的方式呈現時間軸、箭頭，讓大家先注意到視覺動線，緊接著將原先第一季工作報告中的「重點日期」標注出來，並且透過「依序出現」的動畫原則，一個一個出現，使得觀眾更能夠聚焦在講者說明的日期與項目上，此外當遇到重點項目，需要更多的文字說明或講解時，就可以運用「推入／推移」的動畫效果，創造視覺動線，移動到下一張投影片，使得觀眾重新聚焦在新的項目上！

除此之外，因為是每季工作報告，季與季之間也可以使用「推入／推移」的動畫效果，來強調進入到下一個季別，透過動畫的運用，形成視覺動線，便可以將觀眾的注意力隨時拉回到簡報當中，而不會只是單純一張文字投影片，使得觀眾昏昏欲睡，抓不到重點！

同樣，未來簡報當中若有相關進度報告、甘特圖、魚骨圖類型的簡報，其實都可以透過「推入／推移」的動畫效果，達到更好的簡報效果喔！

前面我們談到「運鏡」手法時，一直在強調「視覺動線」，因為善用「視覺

動線」就可以引導大家的注意力集中在講者所要表達的重點上，因此凡是簡報當中具有「箭頭」、「線條」類型者，都非常適合使用「推入／推移」的動畫效果，如果沒有明顯的「箭頭」、「線條」，我們也可以自己創造喔，例如下面例子：

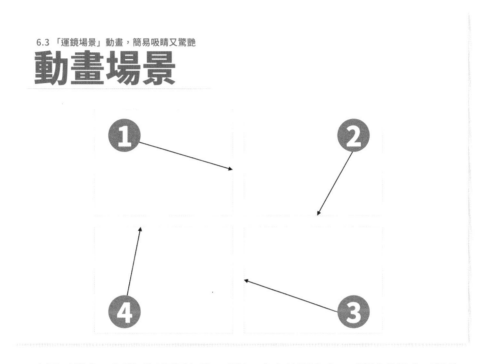

在圖示當中，我們可以運用色塊、形狀，畫出箭頭方向，再配合「推入／推移」的動畫效果，來構建簡報「場景」的組合，舉個例子：

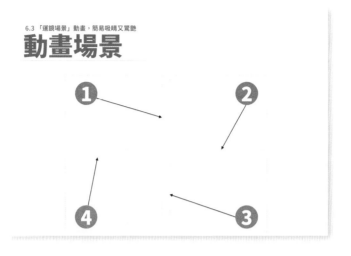

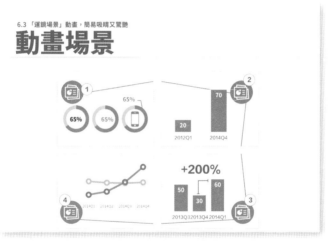

透過「場景組合」可以讓簡報動畫產生更多不同的組合效果，因此我們遇到比較的圖表時，可以先嘗試拆解圖表成為不同的投影片（場景），在透過「運鏡」的概念去設計、鋪陳簡報的流程與呈現的方式，加上講者與動畫場景的適當搭配，便能夠創造出良好的視覺動線，有效引導大家的注意力，聚焦在講者說明的重點上，簡報效果更為出色！

「聚焦」動畫，全場目光要你好看

透過「依序出現」、「時間軸」、「運鏡場景」的簡報動畫設計，更方便聚焦在簡報重點之上，如果我們想要把全場所有人的目光聚焦在頁面的某一個點上時，有個更直接、更直覺的「聚焦」動畫效果！

「聚焦」的動畫效果邏輯，其實很簡單。聚焦就有點像是舞台中，聚光燈打在主角身上的效果，首先我們將投影片當作是舞台，投影片當中的內容就是我們的主角，先決定要在簡報當中聚焦的主角，然後插入一個圓形形狀，如下：

6.4 「聚焦」動畫，全場目光要你好看
動畫場景

特別注意，在這邊插入圓形，不需要「填滿」顏色，因為圓形中，就是我們要聚焦的重點！整張畫面看起來還不夠「聚焦」，因此我們要加上「黑色屏幕」，才能夠使得「聚焦」的部分更為凸顯，因此緊接著在原先簡報當中，加上一個滿版的黑色色塊，放置於圓形的下層，如下圖所示：

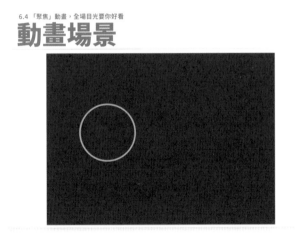

接著就是比較重要的環節，我們需要先將圓形部分「打光」，這樣才能夠露出背後圖片的主角，此步驟請按住「Shift」鍵，以滑鼠點選黑色色塊以及圓形部分，如下：

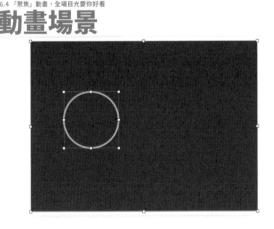

選擇後可以看見物件周圍會出現編輯節點。接著我們就要運用到簡報當中的「合併形狀」功能，下列分別就 PowerPoint & Keynote 功能部分說明：

PowerPoint：

在〔圖案格式〕（繪圖工具 / 格式），找到〔合併圖案〕選擇〔減〕的效果！

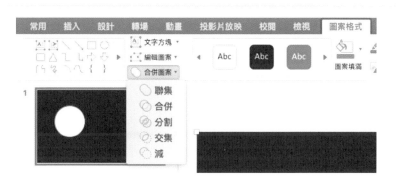

Keynote：

點按右側邊欄頂部的〔排列〕標籤，在底部部分，選擇〔減去〕！

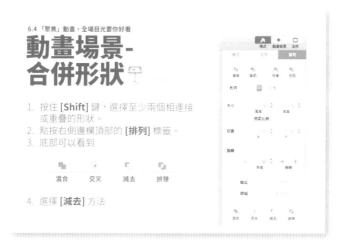

到此步驟，應該就可以看到下圖，除了黑色色塊之外，原先圓形部分已經刪除，而露出背景圖片：

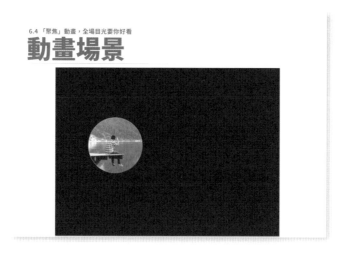

接下來，就是設定動畫的步驟：

PowerPoint：

1. 選擇〔動畫〕頁籤，並選擇其中〔縮放〕之動畫效果！

2. 按一下〔效果選項〕，並選擇〔縮小〕效果，即可完成！

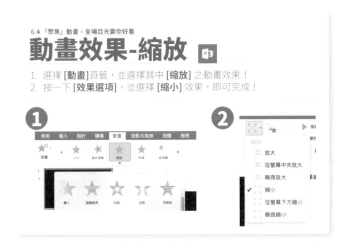

Keynote：

1. 點按右側邊欄頂部的〔動畫效果〕標籤。
2. 在〔構建進入〕中，選擇〔縮放〕效果，其中方向請選擇〔下〕！

　　「聚焦」的動畫，適合用於照片希望凸顯的重點，例如大合照時，點出合照中的重點人物，或是在圖表數據簡報類型中，可以強調出重點數據，透過聚焦動畫，可以讓人們印象更為深刻，當然在同一張簡報當中，可以重複設定幾個不同的聚焦焦點，只要按照上述的動畫設定方式，重複製作即可！

「瞬間移動」，聚焦吸睛再進化

在所有簡報動畫效果中，「瞬間移動」這個動畫效果是我最喜愛、也最常使用的！尤其運用在授課的簡報裡，更能強力聚焦、吸睛、抓住大家的注意力！

「順間移動」這個動畫效果原先是 Keynote 專屬的動畫效果，現在 PowerPoint 也跟上腳步了，只要是使用 PowerPoint 365 版本的用戶，就可以在「轉場」中找到「轉化」的動畫效果！

我們趕緊先來看看「瞬間移動」有多麼神奇：

首先我們先在第一張投影片當中，放置一個小嬰兒的圖示，接著直接複製第一張投影片，成為第二張，並且改變小嬰兒的位置，並且放大，然後再簡報當中設定「瞬間移動」，當簡報播放時，小嬰兒就會從第一張左邊的位子，自動變到第二張投影片右邊的位子，就好像小嬰兒慢慢長大一樣！這個過程當中，我們只

有做了「複製」、改變「位置」、「大小」，中間的轉變、動畫，完全無須設定，Keynote 簡報軟體就會自動幫我們完成，非常的簡便、容易！透過「瞬間移動」的動畫效果，直接將物件本身當作主角，由主角來創作出視覺動線，可以讓大家更直覺感受到主角的變化和不同之處！

　　像我自己常常在授課時，都會做簡報的修改前和修改後的比較，我就會運用瞬間移動的技巧，讓學員可以透過「瞬間移動」的過程，注意到每一個修改的小細節，例如下圖：

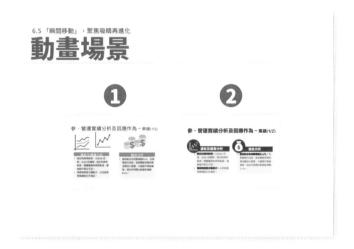

　　當我使用「瞬間移動」動畫效果時，左邊標題本來為「紅色」，就會慢慢漸變成「藍色」，同樣下方的表格，也會漸變成藍色標題與黑色的粗體字，這麼一來，學員就可以更清楚簡報修改的過程當中，修改了哪些部分！

　　接著我們來看看簡報軟體當中，操作的部分：

PowerPoint 365：（若是使用 PowerPoint 2016 以下版本，則無法使用〔轉化〕動畫效果）

1. 首先需要有兩頁投影片，〔轉化〕的動畫效果，是透過兩頁投影片之間的物件差異，由簡報軟體自動運算，而產生中間漸變的動畫效果！

2. 在第二張投影片，選擇〔轉場〕→〔轉化〕動畫效果，就完成囉！

這邊要特別注意，在 PowerPoint，〔轉場〕設定動畫效果時，是指前一張動畫以設定的動畫效果離開，進入到目前設定動畫的投影片，因此在設定〔轉化〕時，要在後面一張投影片設定，軟體才會根據前一張的物件位置，去判斷如何產生轉化動畫！（這點正好跟 Keynote 簡報軟體相反，要特別注意！）

以此例，如果我們在第一張投影片中設定轉化動畫效果，那麼軟體會根據第零張投影片來產生動畫，但是因為此例中，第零頁是不存在的，因此就看不到任何的轉化特效喔！

Keynote：

1. 同樣，我們也需要先準備兩張投影片。

2. 在第一張投影片，選擇〔動畫效果〕→〔過場效果〕→〔瞬間移動〕。

動畫效果-瞬間移動

1. 首先一樣需要有兩頁投影片！
2. 在**第一張投影片**，選擇 [動畫效果] -> [過場效果] -> [瞬間移動]

特別注意，在 Keynote 中設定動畫效果，指的是目前投影片，以何種形式動畫進入到下一頁投影片，因此我們在設定〔瞬間移動〕動畫效果時，是在第一頁當中設定喔！（正好和 PowerPoint 相反）。

此外這邊特別提醒大家在設計「轉化／瞬間移動」動畫效果時，如果要取得最佳的效果，在製作投影片時，請用「複製」的方式產出第二張投影片，如此一來每個物件，才能正確的對應到原始投影片，複製後，在第二張投影片才開始改變物件的大小、位置、顏色，這樣軟題才能正確套用「轉化／瞬間移動」動畫效果！

如果我們是直接在第二張投影片當中，新增或插入物件，因為在第一張投影片當中，並沒有這個物件，套用「轉化／瞬間移動」動畫效果，就會發現該物件，是「瞬間」出現，而不是以「漸變」的方式出現喔！

最後還是不免要提醒大家，動畫的確可以創造出吸睛、引人入勝的簡報效果，但是相對的，使用不當的話，則容易造成簡報流程不夠順暢，甚至常常看到在簡

報控制上出現錯誤，一次跳了很多頁，又重新往回，往回又可能按太多次，反反覆覆，增加自己在簡報現場的窘境與緊張！

我最常遇到學員問我的就是，動畫效果如何製作？怎樣才能做出很炫的簡報？但是通常我都不建議使用太多的動畫效果。動畫效果要用得精準，真正對協助簡報說明重點有幫助才是正確的用法。因此在此章節中跟大家分享的動畫效果，目的都在於如何更恰當的創造「視覺動線」，幫助內容聚焦，協助講者重點說明的！

現在簡報軟體的動畫功能五花八門，各式各樣動畫效果讓人感覺很炫、很酷，建議初學者千萬不要迷失在動畫當中，還是以對於實務有幫助的動畫運用熟練為先，以此章節中提到的「依序出現」、「時間軸」、「電影場景」、「聚焦」以及「瞬間移動」這五大概念，已經足夠運用在各式簡報類型與情境，而且運用得當，其實就夠炫、夠驚艷！這也是我一直強調的重點，如何透過簡單的技巧，創造出令人驚艷、有效的簡報溝通，而非一味的追求花俏、絢麗的技巧，而忽略簡報「簡要、溝通」的本質！

最後本書雖然已到尾聲，但是相信各位的簡報學習之路，將不會因此中斷，我個人很喜歡的一句話：「雖未朝夕相見，你我仍牽一線。」未來我們將持續在Facebook、LINE@ 等平台，與各位相聚，持續學習，一起往驚艷簡報持續前進！

驚艷簡報技巧 粉絲專頁：
https://www.facebook.com/AmazingSlide/

 驚艷簡報技巧 LINE@：
LINE@ ID：@amazingslide
https://line.me/R/ti/p/%40amazingslide

一分鐘驚艷簡報術

作　　　者／劉滄碩
美 術 編 輯／申朗設計
企畫選書人／賈俊國

總 編 輯／賈俊國
副 總 編 輯／蘇士尹
編　　　輯／高懿萩
行 銷 企 畫／張莉滎‧廖可筠‧蕭羽猜

發 　行 　人／何飛鵬
法 律 顧 問／元禾法律事務所王子文律師
出　　　版／布克文化出版事業部
　　　　　　台北市中山區民生東路二段 141 號 8 樓
　　　　　　電話：(02)2500-7008 傳真：(02)2502-7676
　　　　　　Email：sbooker.service@cite.com.tw
發　　　行／英屬蓋曼群島商家庭傳媒股份有限公司城邦分公司
　　　　　　台北市中山區民生東路二段 141 號 2 樓
　　　　　　書虫客服服務專線：(02)2500-7718；2500-7719
　　　　　　24 小時傳真專線：(02)2500-1990；2500-1991
　　　　　　劃撥帳號：19863813；戶名：書虫股份有限公司
　　　　　　讀者服務信箱：service@readingclub.com.tw
香港發行所／城邦（香港）出版集團有限公司
　　　　　　香港灣仔駱克道 193 號東超商業中心 1 樓
　　　　　　電話：+852-2508-6231　　傳真：+852-2578-9337
　　　　　　Email：hkcite@biznetvigator.com
馬新發行所／城邦（馬新）出版集團 Cité (M) Sdn. Bhd.
　　　　　　41, Jalan Radin Anum, Bandar Baru Sri Petaling,
　　　　　　57000 Kuala Lumpur, Malaysia
　　　　　　電話：+603- 9057-8822　　傳真：+603- 9057-6622
　　　　　　Email：cite@cite.com.my
印　　　刷／韋懋實業有限公司
初　　　版／2018 年（民 107）02 月
初　　　版／2021 年（民 110）02 月 9 刷
售　　　價／450 元
Ｉ Ｓ Ｂ Ｎ／978-986-95891-3-0

城邦讀書花園　布克文化
www.cite.com.tw　WWW.SBOOKER.COM.TW